Essai Général
DE FORTIFICATION
ET
D'ATTAQUE ET DE DÉFENSE
DES PLACES.

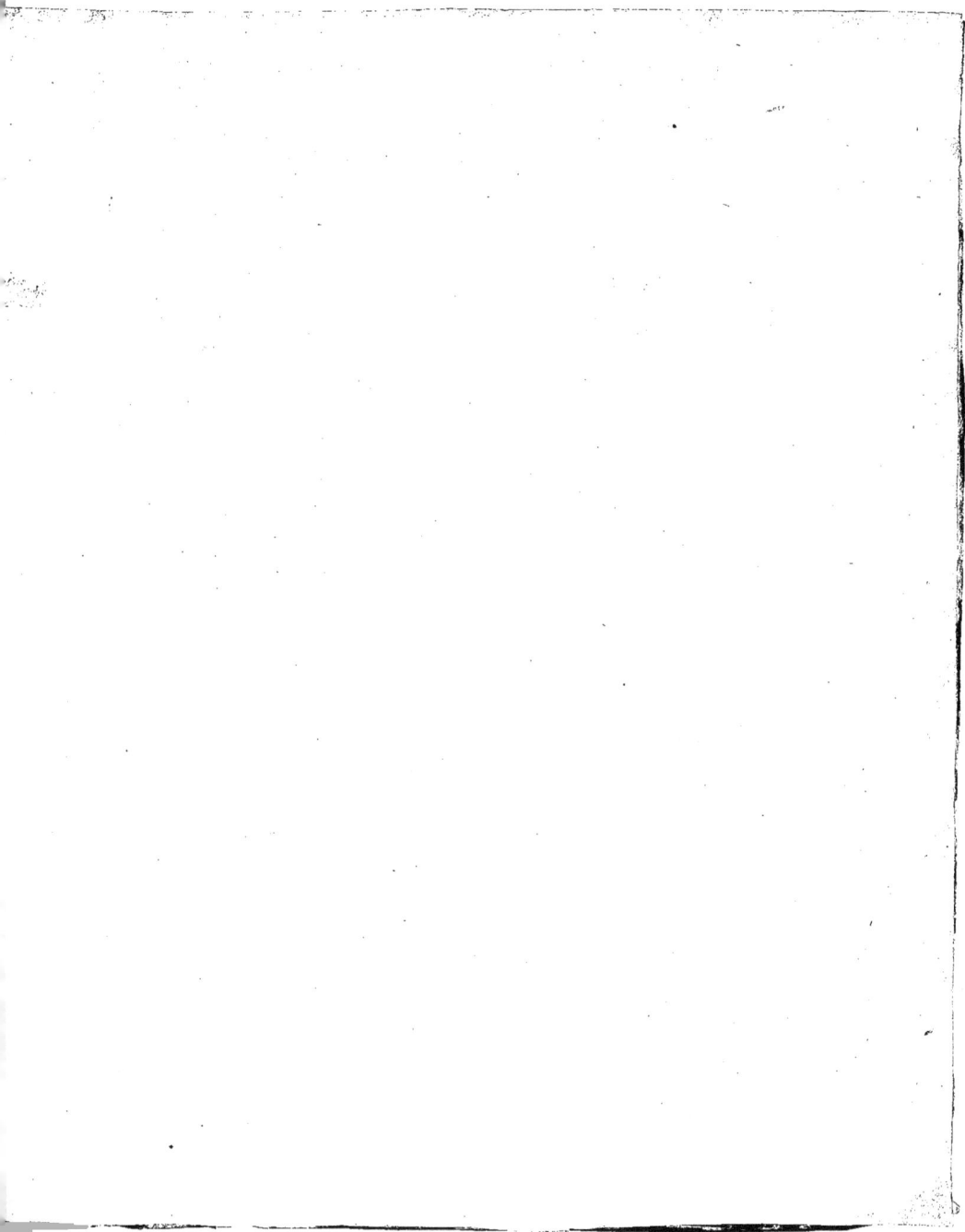

ESSAI

GÉNÉRAL

DE FORTIFICATION.

PLANCHES.

ESSAI

GÉNÉRAL

DE FORTIFICATION

ET

D'ATTAQUE ET DÉFENSE

𝕯𝖊𝖘 𝕻𝖑𝖆𝖈𝖊𝖘,

Par M. DE BOUSMARD.

TROISIÈME ÉDITION,

REVUE PAR M. AUGOYAT, CHEF DE BATAILLON DU GÉNIE.

Planches.

A PARIS,

CHEZ ANSELIN, LIBRAIRE POUR L'ART MILITAIRE,

ET CHEZ G. LAGUIONIE, IMPRIMEUR-LIBRAIRE,

RUE ET PASSAGE DAUPHINE, N° 36.

1337.

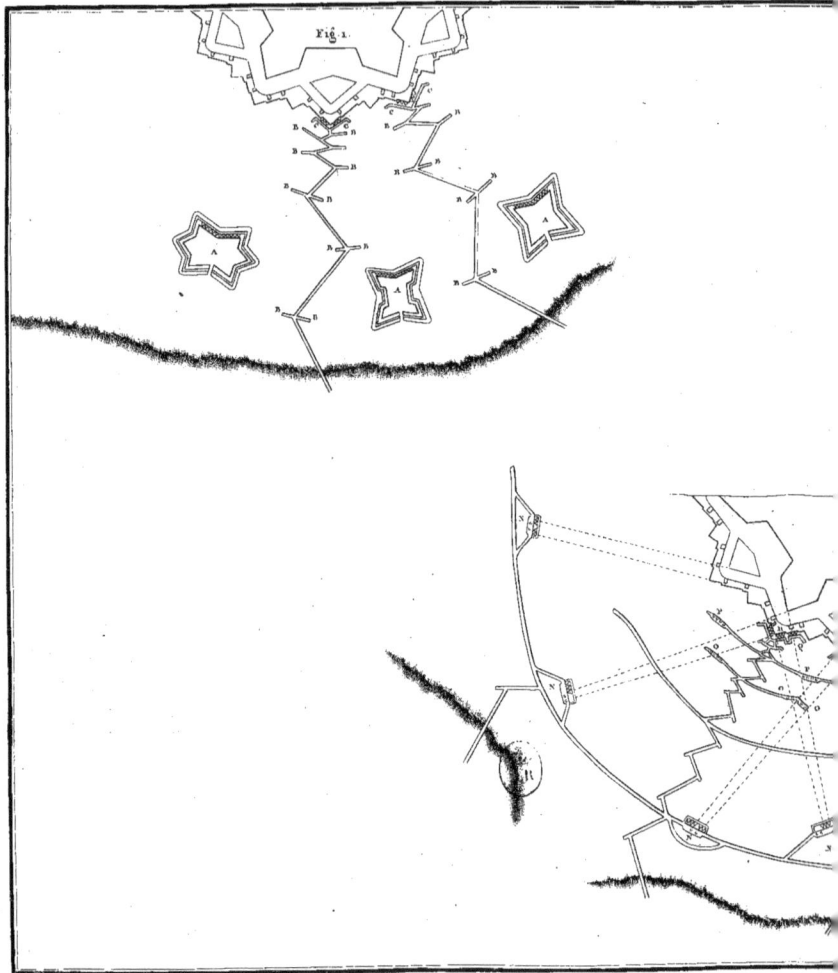

Fig. 1.

Pl.1.

Fig. 1.

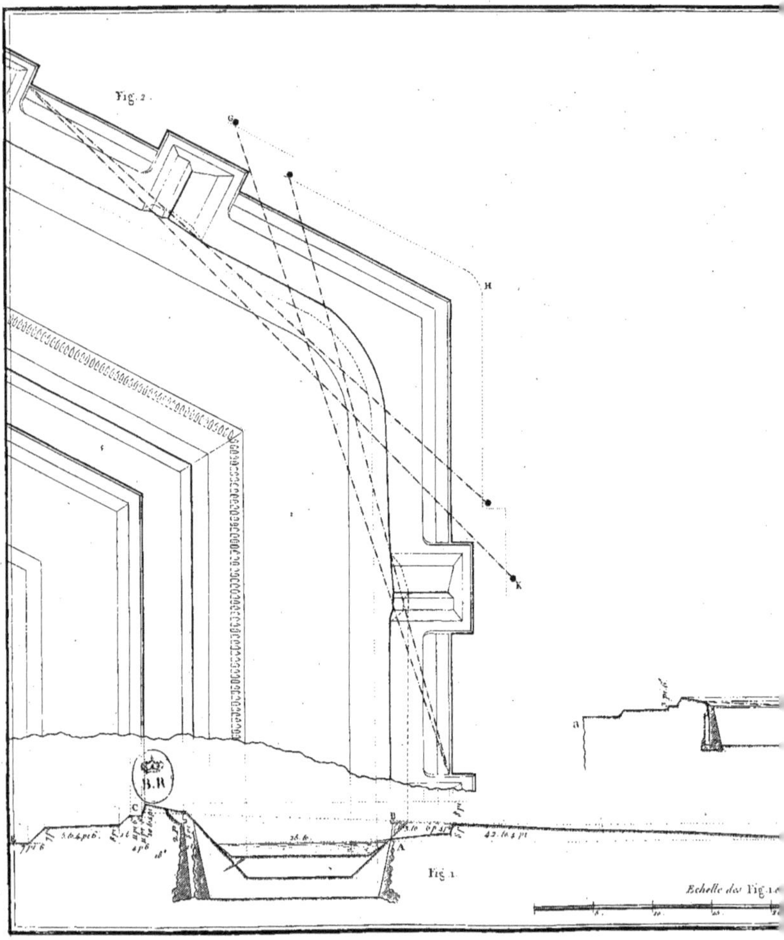

Fig. 2.

Fig. 1.

Echelle des Fig. 1 et 2.

Pl. 2.

Fig. 4.

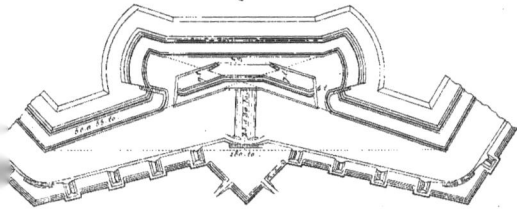

Echelle des Fig. 3 et 4.

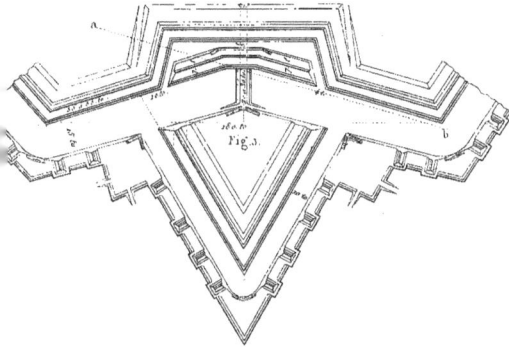

50 · 100 · 200 Toises.

Fig. 3.

Fig. 5.

Echelle de la Fig. 5.

50 to.

D · E · F

40 Toises.

Adam Sculp.

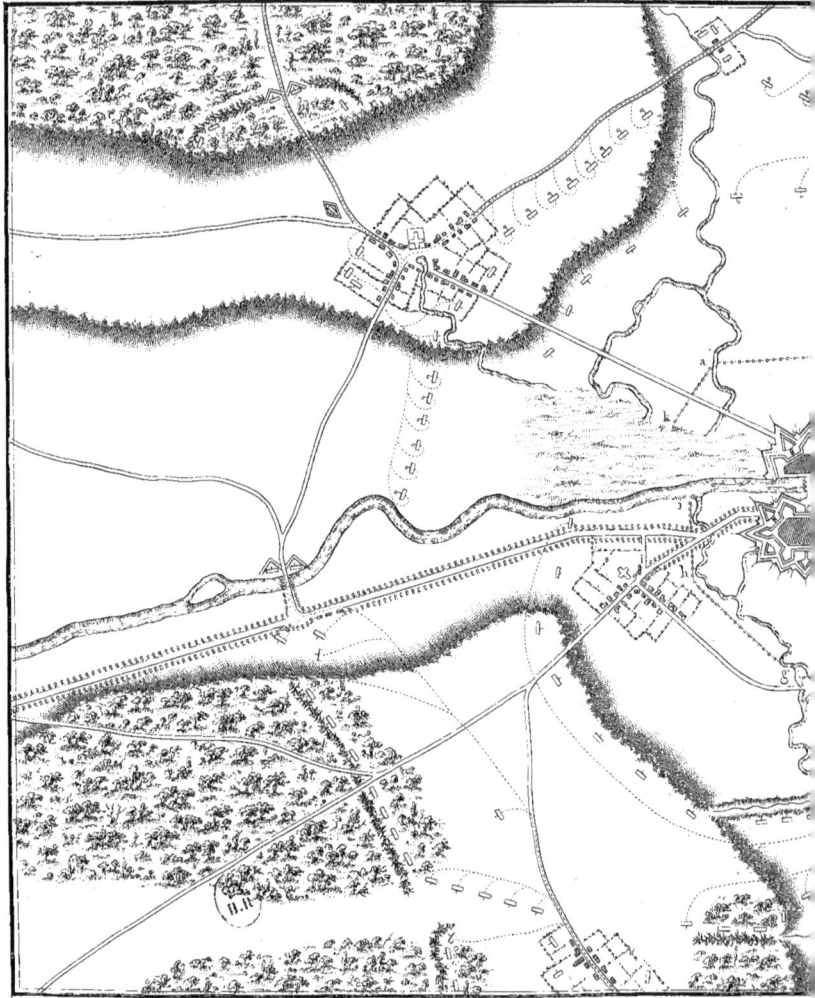

Pl. 3.

Explication des Signes.

Infanterie
Cavalerie
Abatis

100 200 300 400 500   1000 Toises

Adam Sculp.

Pl. 4.

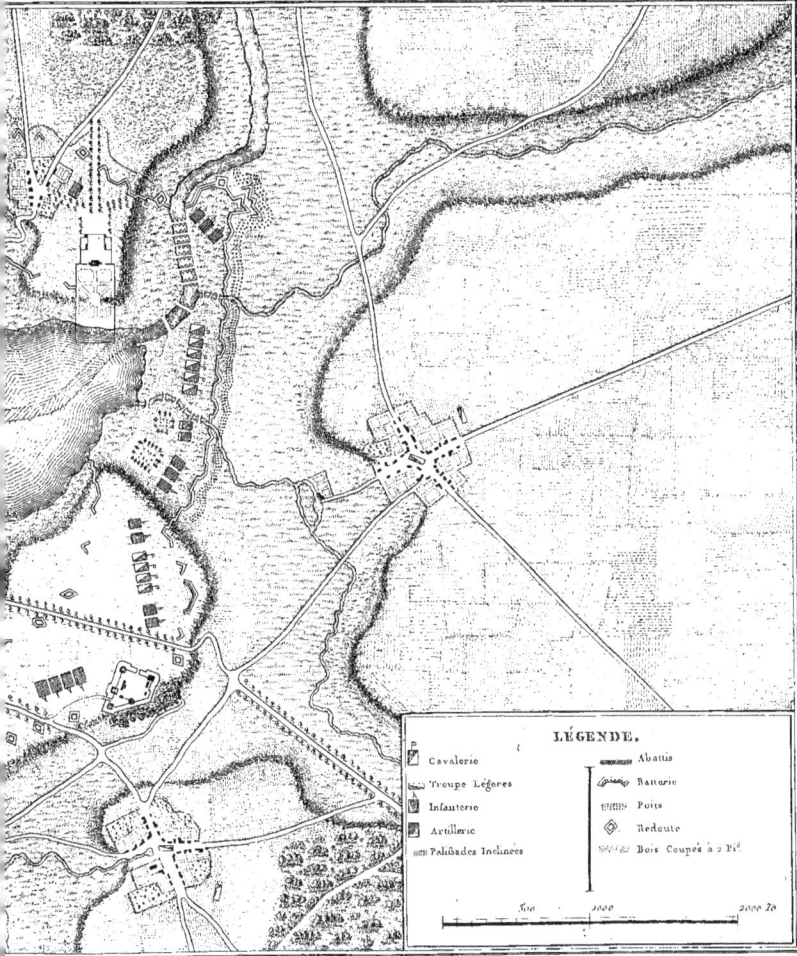

LÉGENDE.

Cavalerie		Abattis
Troupe Légères		Batterie
Infanterie		Puits
Artillerie		Redoute
Palissades Inclinées		Bois Coupés à 2 Pieds

500   1000   2000 To.

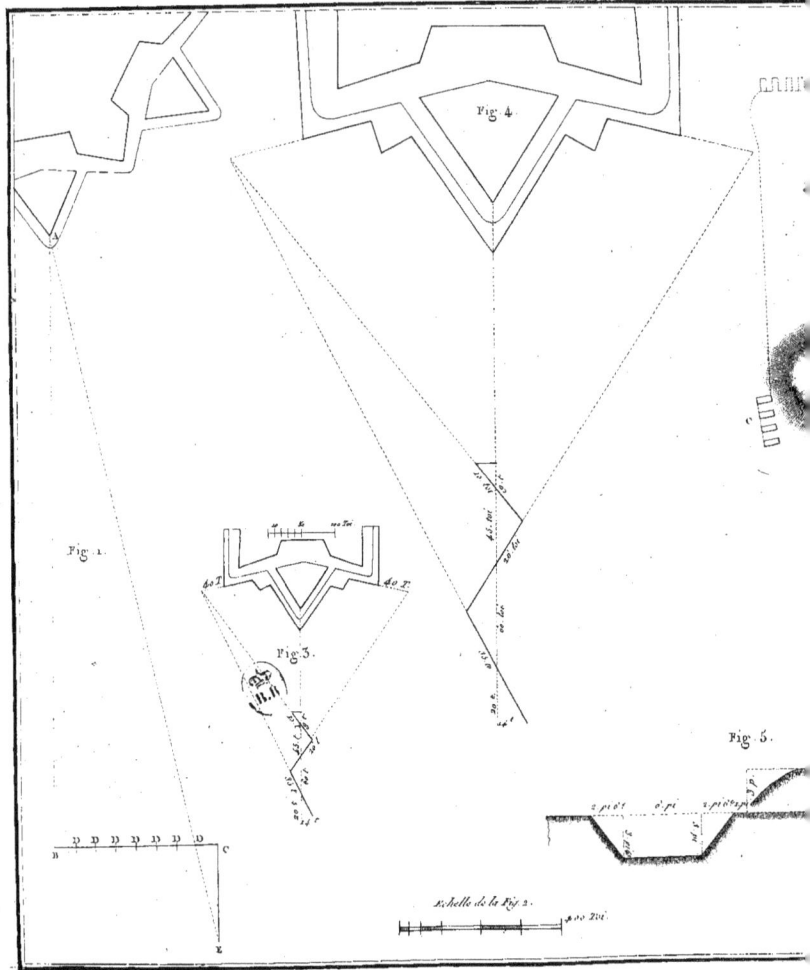

Fig. 1.

Fig. 3.

Fig. 4.

Fig. 5.

Echelle de la Fig. 2.

Pl. 5.

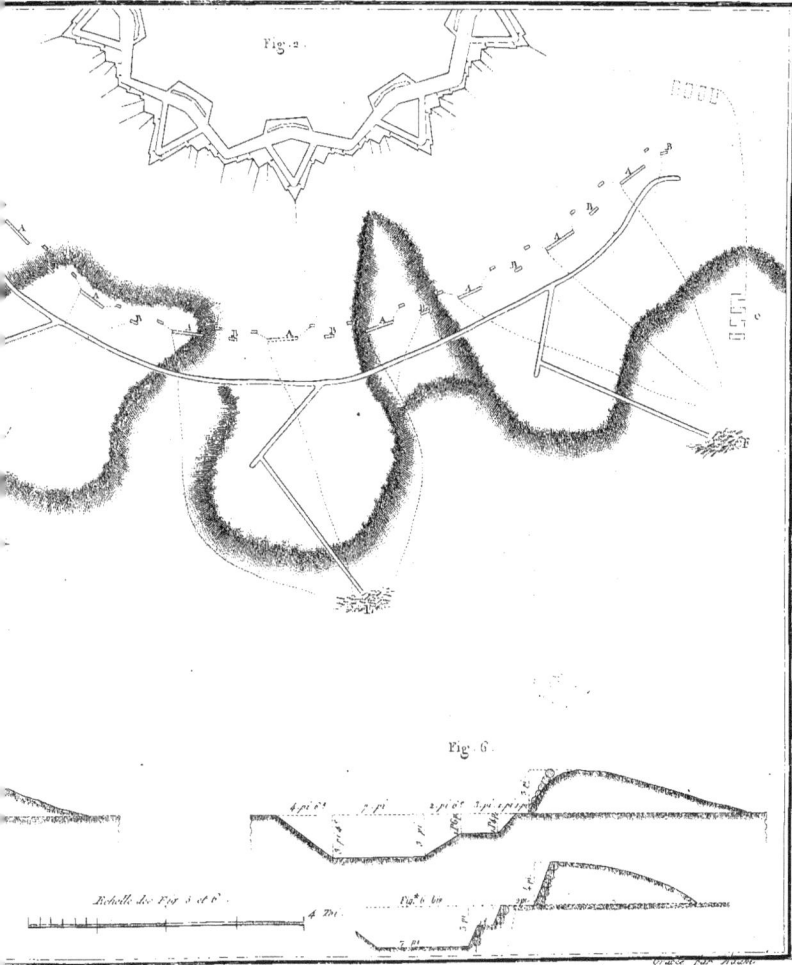

Fig. 2.

Fig. 6.

Fig. 6 bis.

Echelle de Fig. 5 et 6.

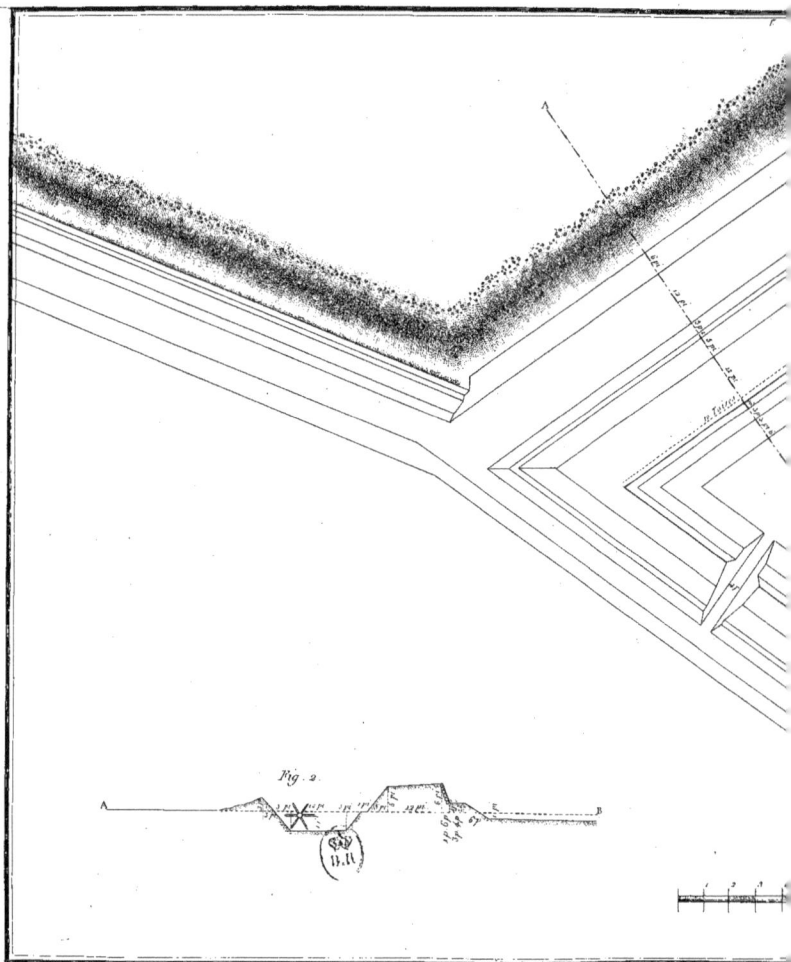

Fig. 2.

Pl. 6.

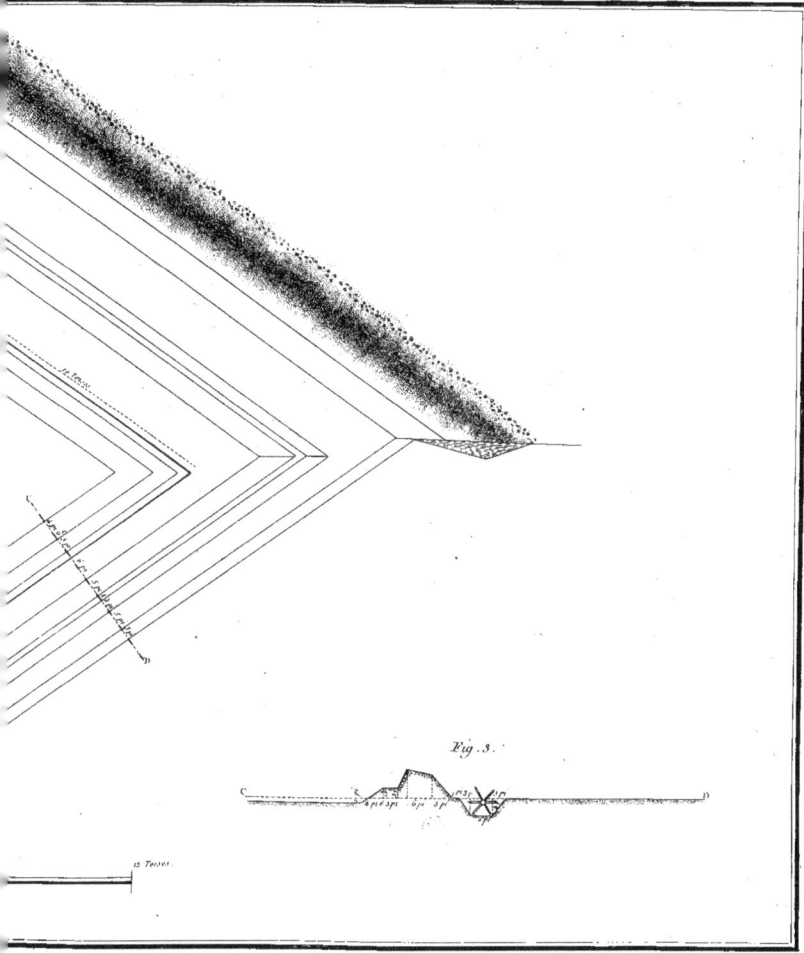

Fig. 3.

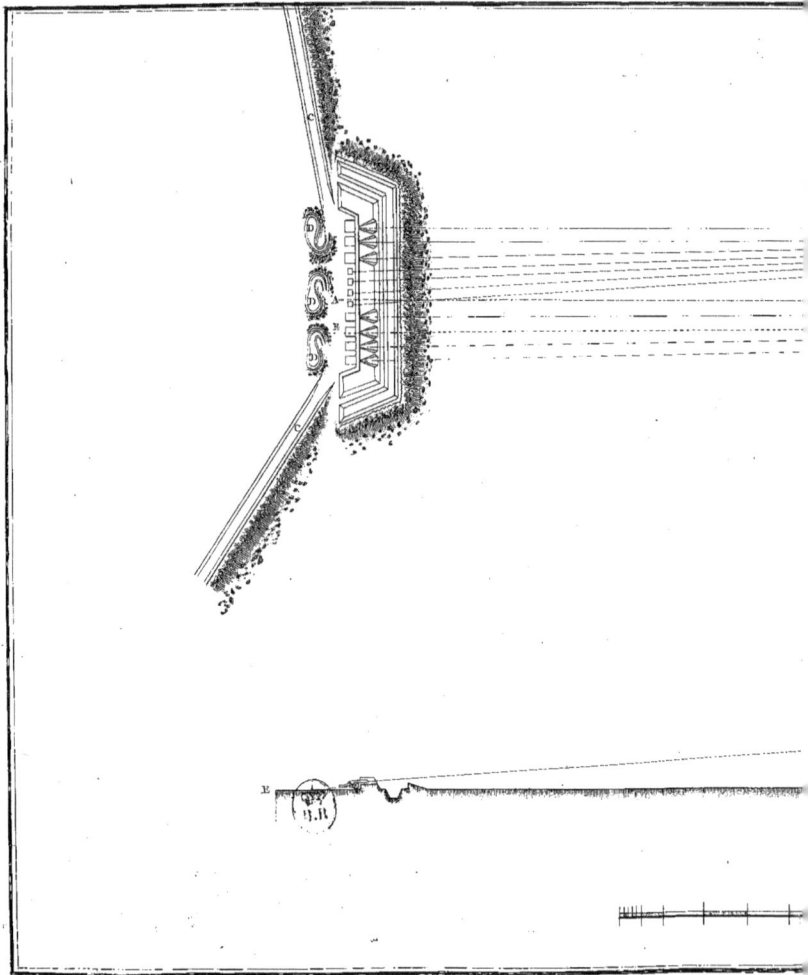

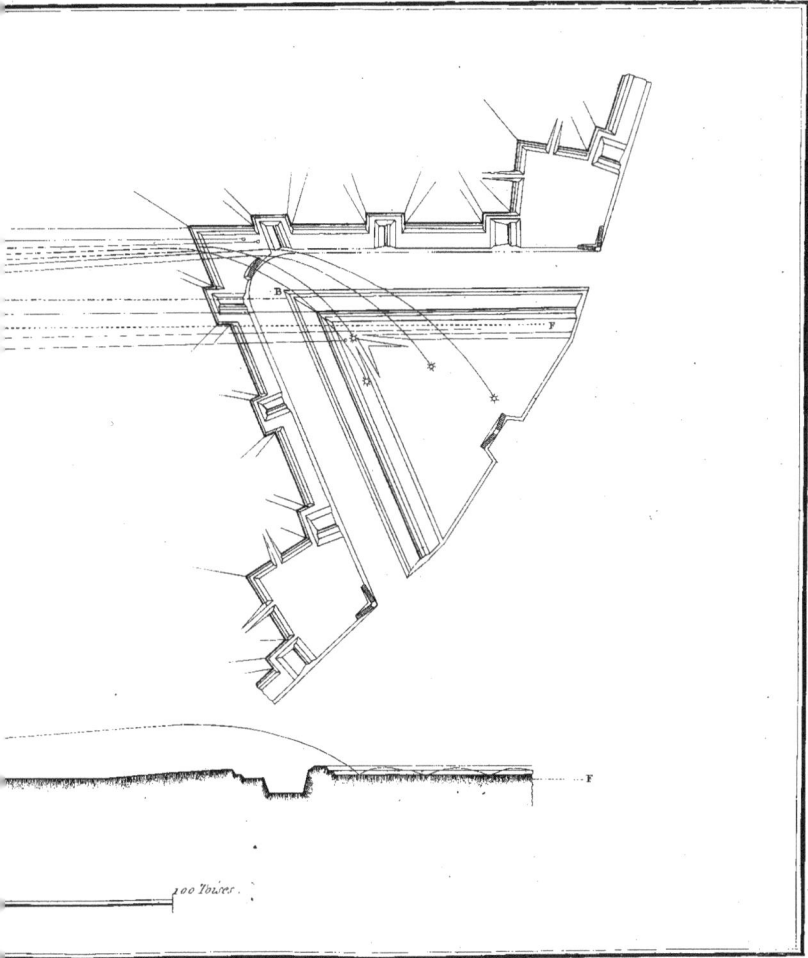

Pl. 7.

B

F

F

100 Toises.

Adam Sculp.

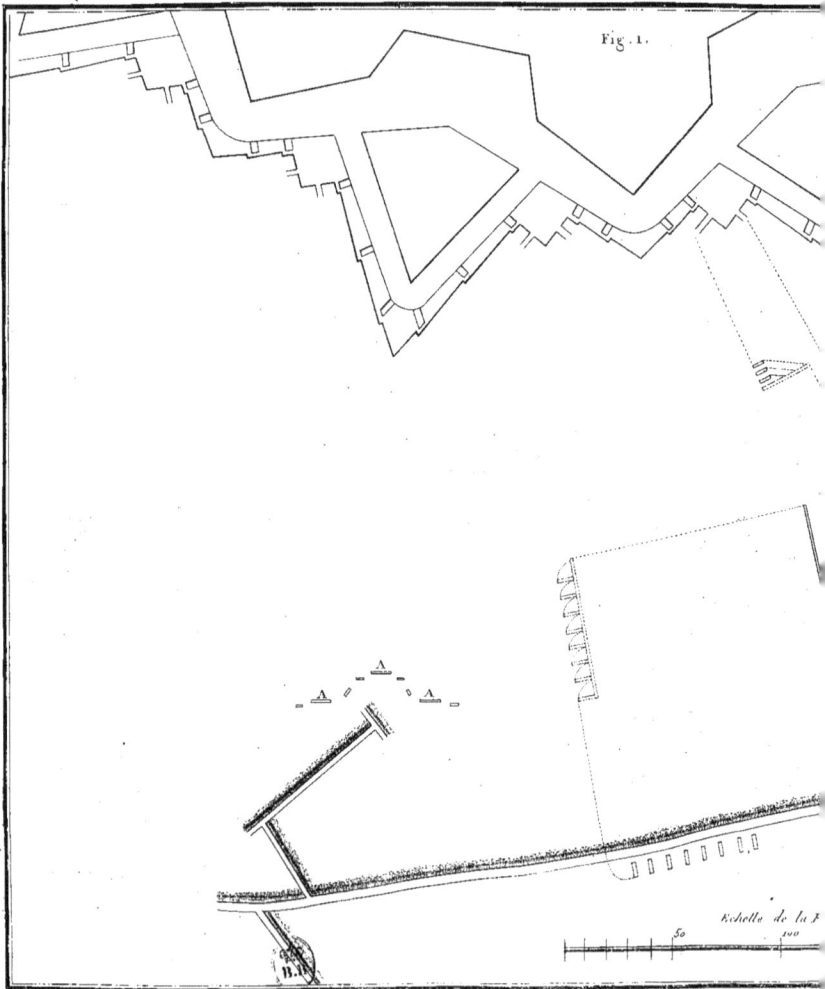

Fig. 1.

Echelle de la F

50   100

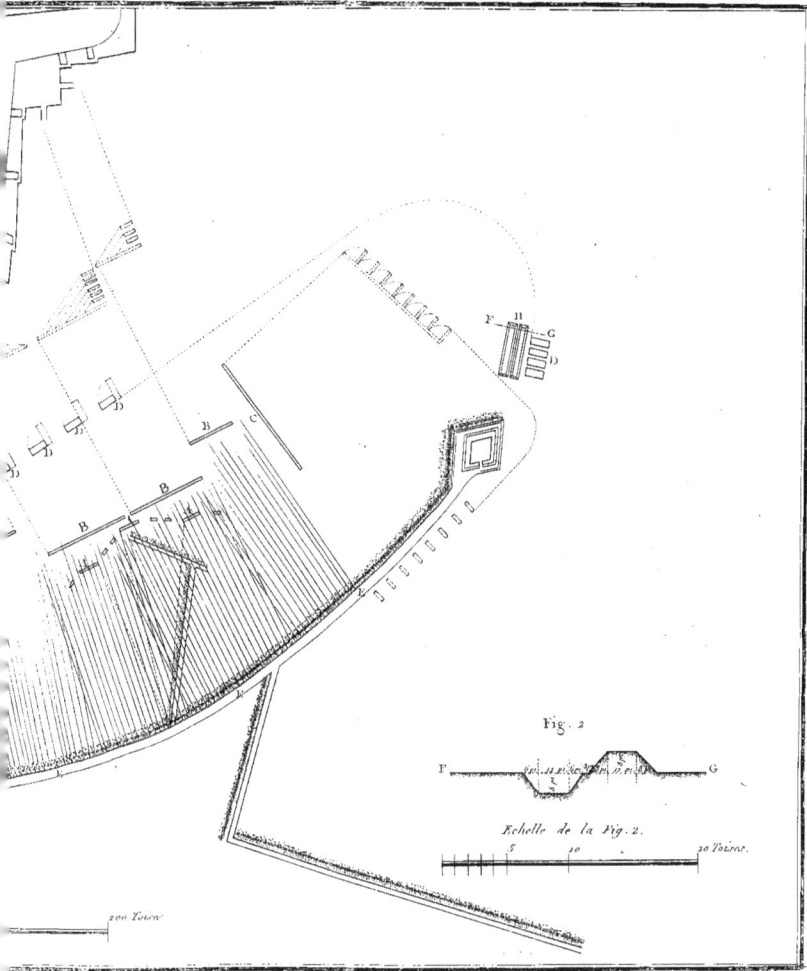

Pl. 8.

F — H G
D

B C

B

B

Fig. 2

F .... G

Echelle de la Fig. 2.

5   10   20 Toises.

200 Toises

Gravé par Adam.

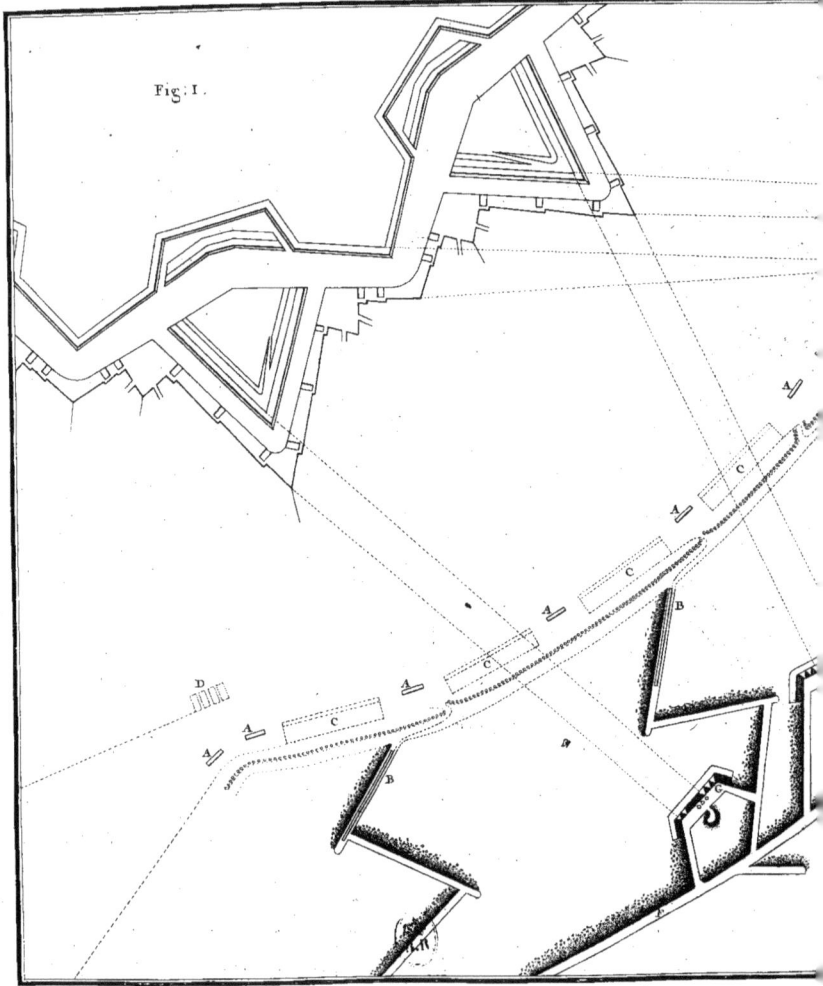

Fig: I.

Pl. 9.

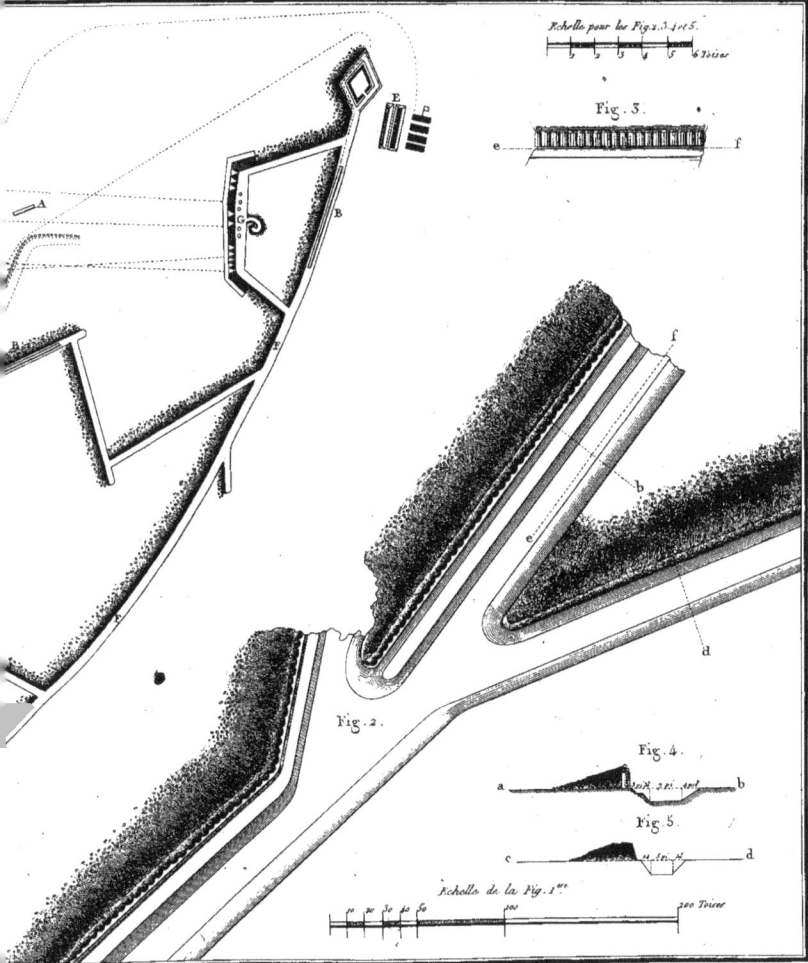

Echelle pour les Fig. 2. 3. 4 et 5.

Fig. 3.

e f

Fig. 2.

f

b

e

d

Fig. 4.

a b

Fig. 5.

c d

Echelle de la Fig. 1.ere

100 Toises

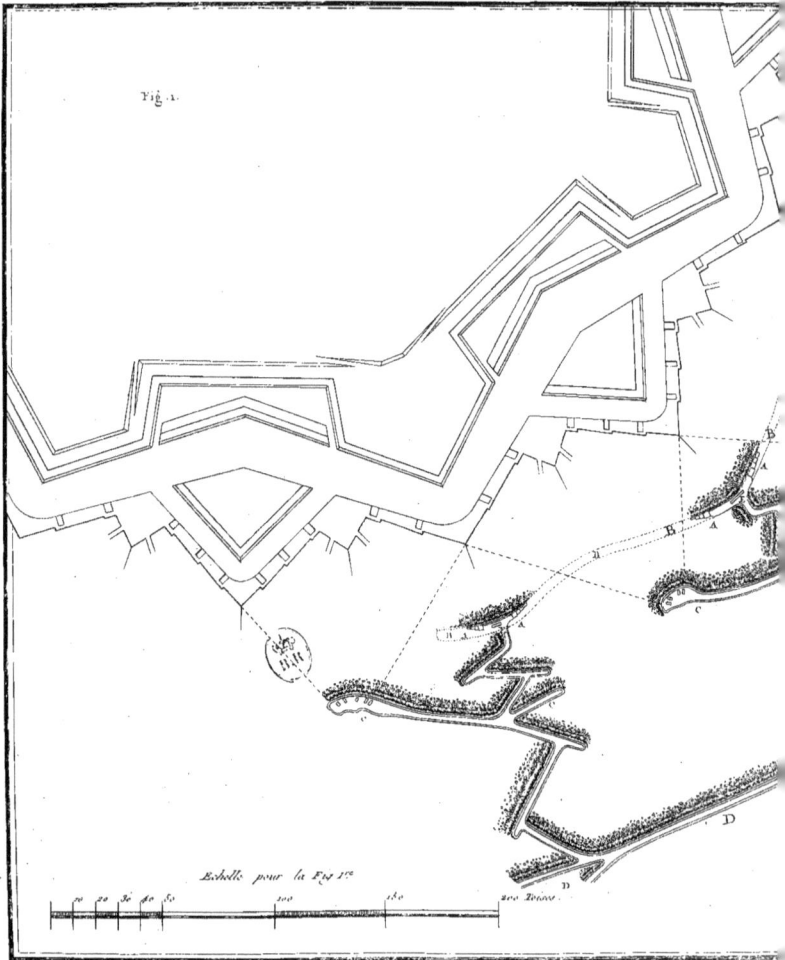

Fig. 1.

Echelle pour la Fig.1.re

Pl. 10.

Fig. 3.

Fig. 2.

Echelle pour les Fig. 2. et 3.

6 pieds.

6 Pouces.

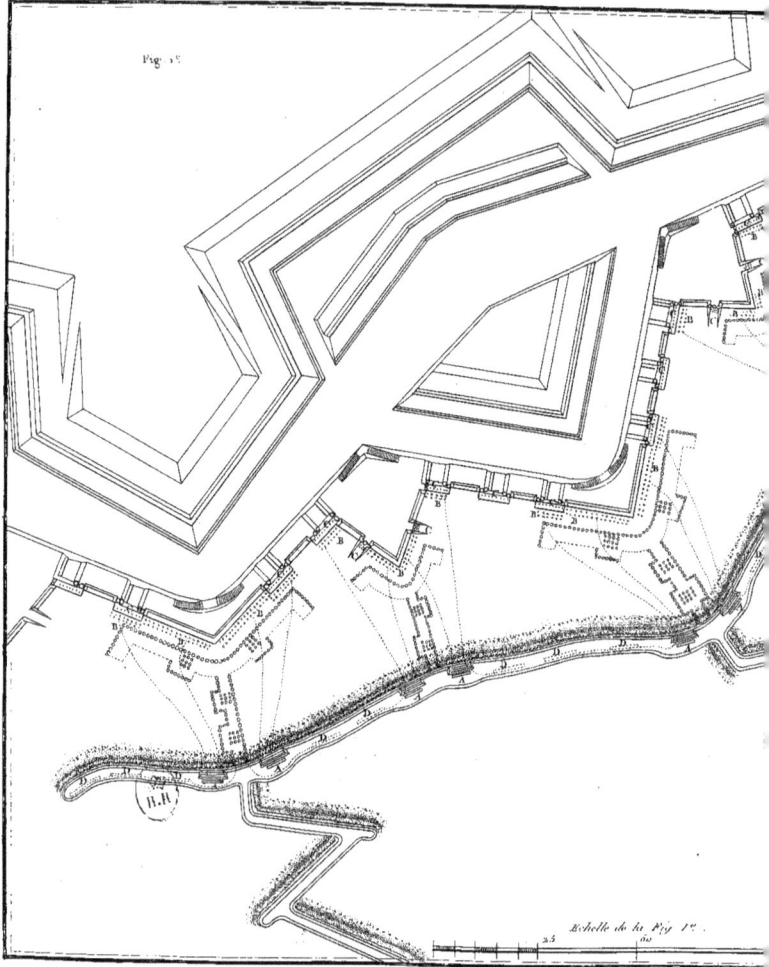

Fig. 15.

Echelle de la Fig. 1.ᵉ

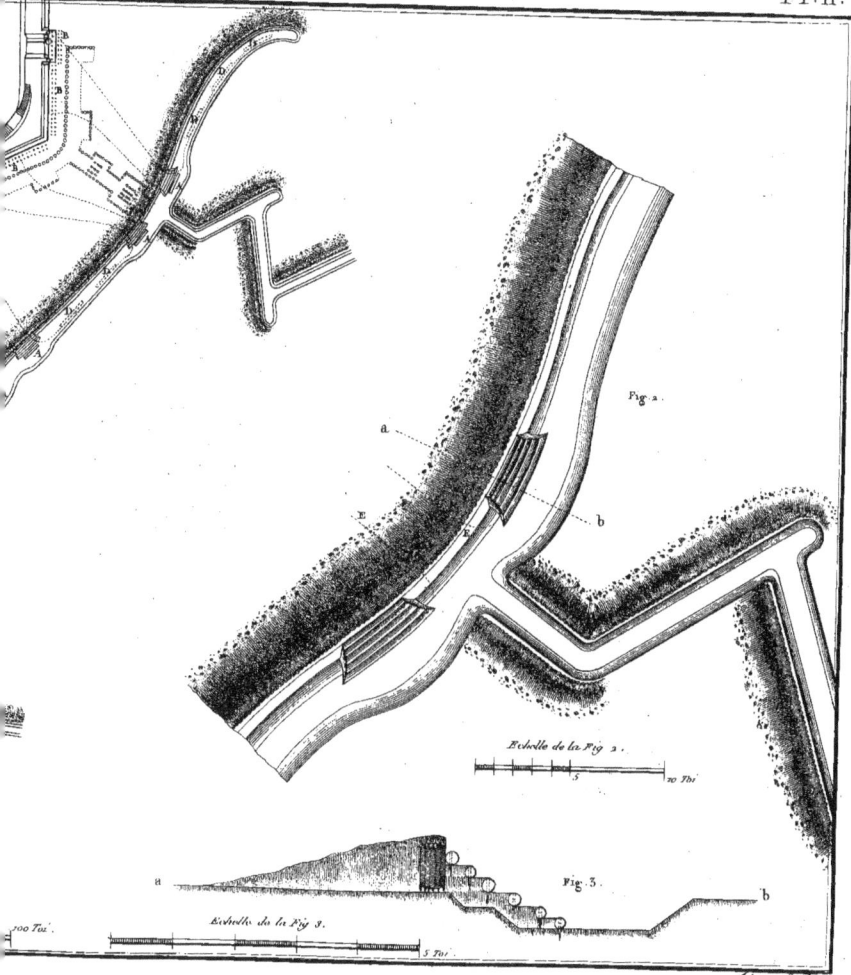

Pl. 11.

Fig. 2.

a

E

b

Echelle de la Fig. 2.

5   10 Toi.

Fig. 3.

a   b

100 Toi.

Echelle de la Fig. 3.

5 Toi.

Adam Sculp.

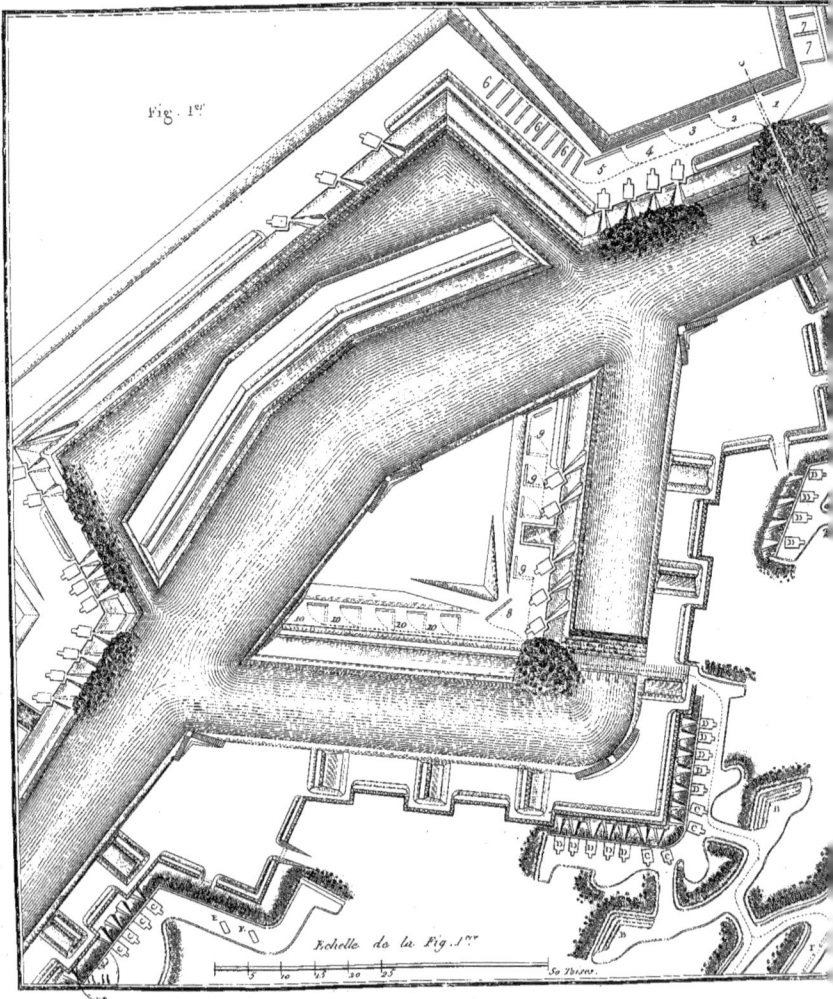

Fig. 1.er

Echelle de la Fig. 1.re

5   10   15   20   25   50 Toises

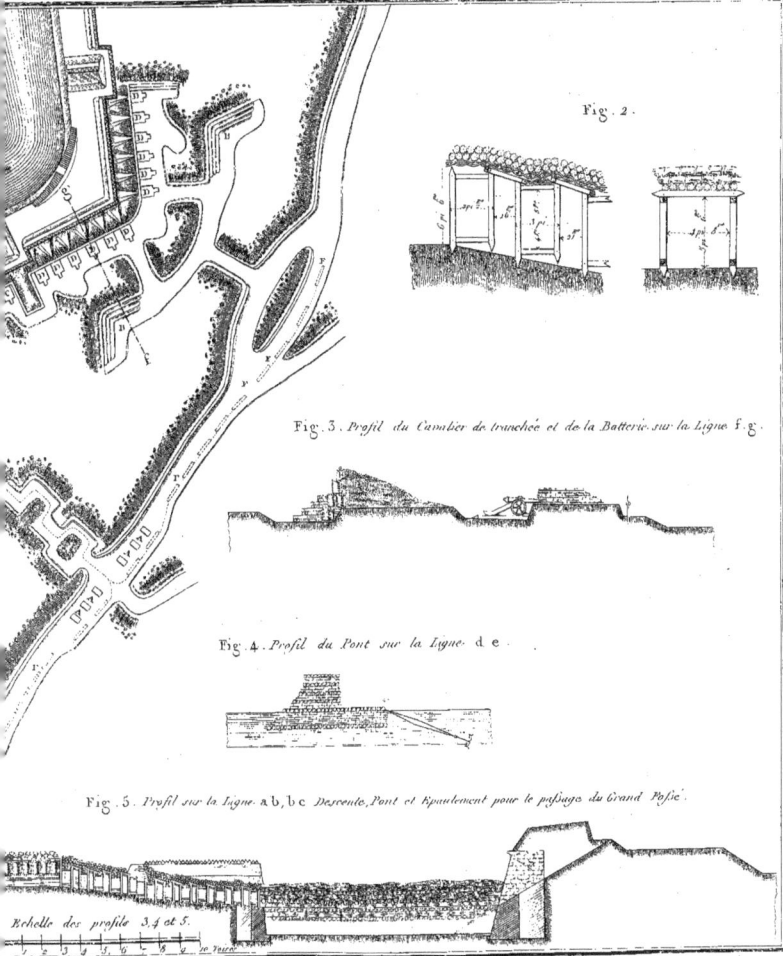

Pl. 12.

Fig. 2.

Fig. 3. Profil du Cavalier de tranchée et de la Batterie sur la Ligne f.g.

Fig. 4. Profil du Pont sur la Ligne d.e.

Fig. 5. Profil sur la Ligne a.b, b.c. Descente, Pont et Épaulement pour le passage du Grand Fossé.

Échelle des profils 3, 4 et 5.

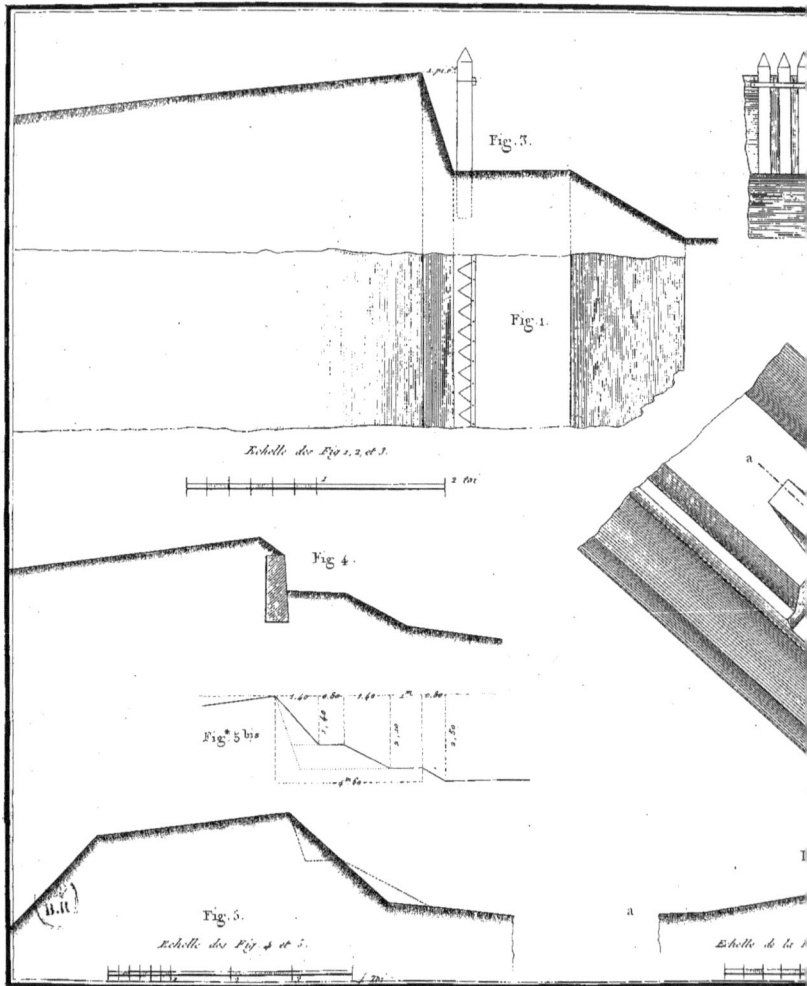

Fig. 3.

Fig. 1.

Echelle des Fig 1, 2, et 3.

2 toi.

Fig. 4.

Fig.ᵉ 5 bis.

Fig. 5.

B.R.

Echelle des Fig 4 et 5.

Echelle de la F

a

Pl.13.

Fig. 7.

Fig. 6.

Echelle de la Fig. 7.

Profil de la Fig. 7.

Fig. 7 bis

a

b

Echelle du Profil de la Fig. 7.

Gravée par Adam.

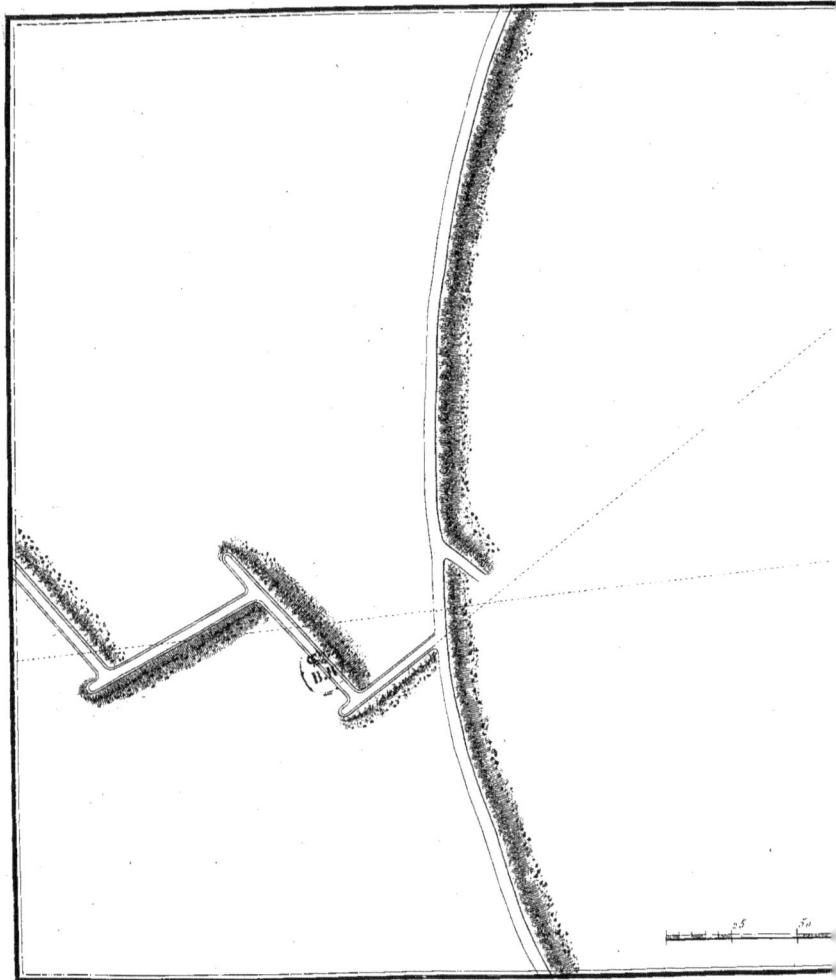

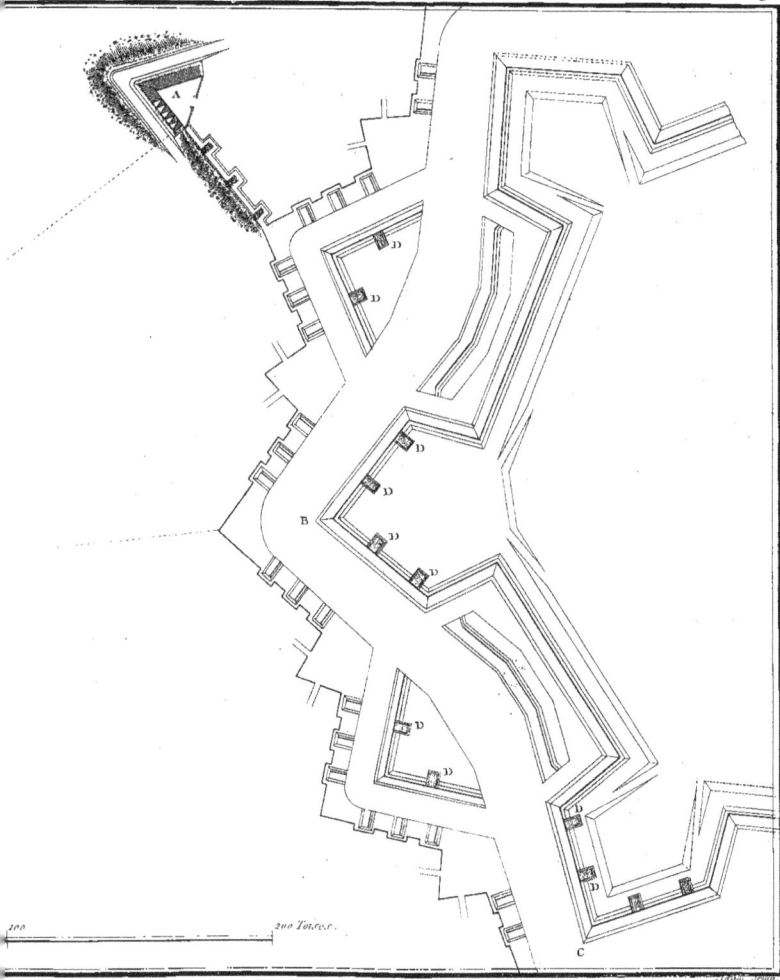

Pl.14.

200 Toises.

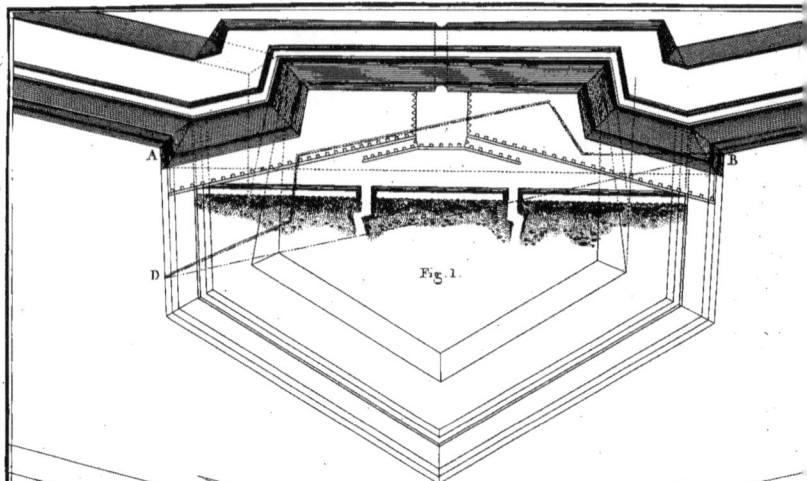

Fig. 1.

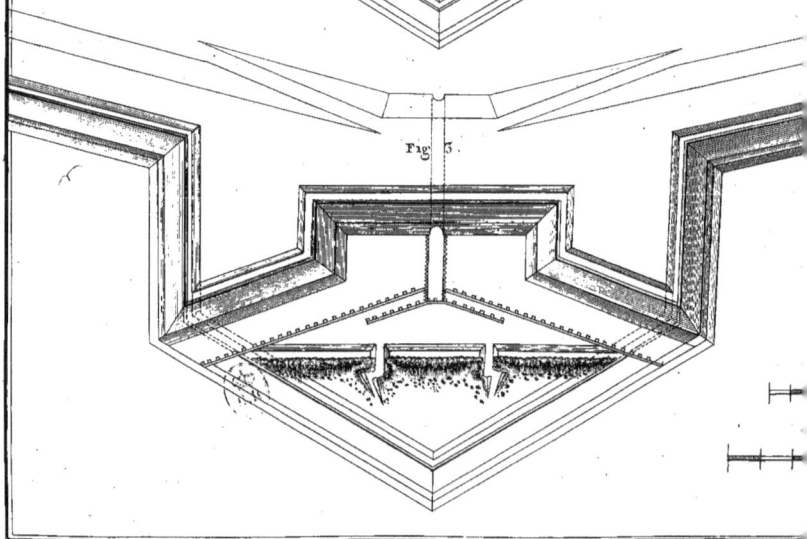

Fig. 3.

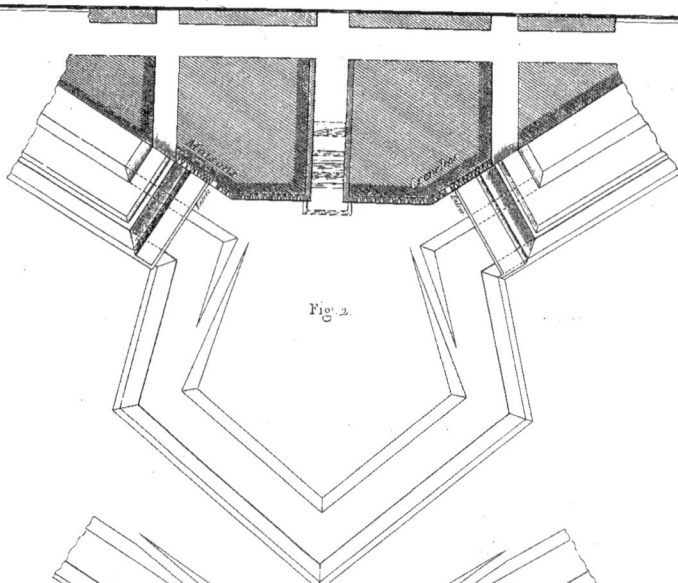

Fig. 2.

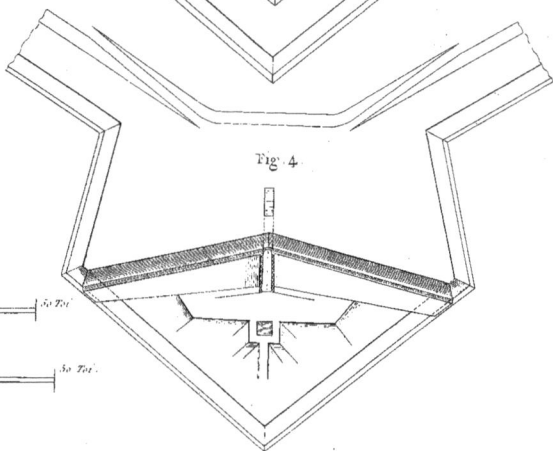

Fig. 4.

Pl. 15.

gravée par Adam.

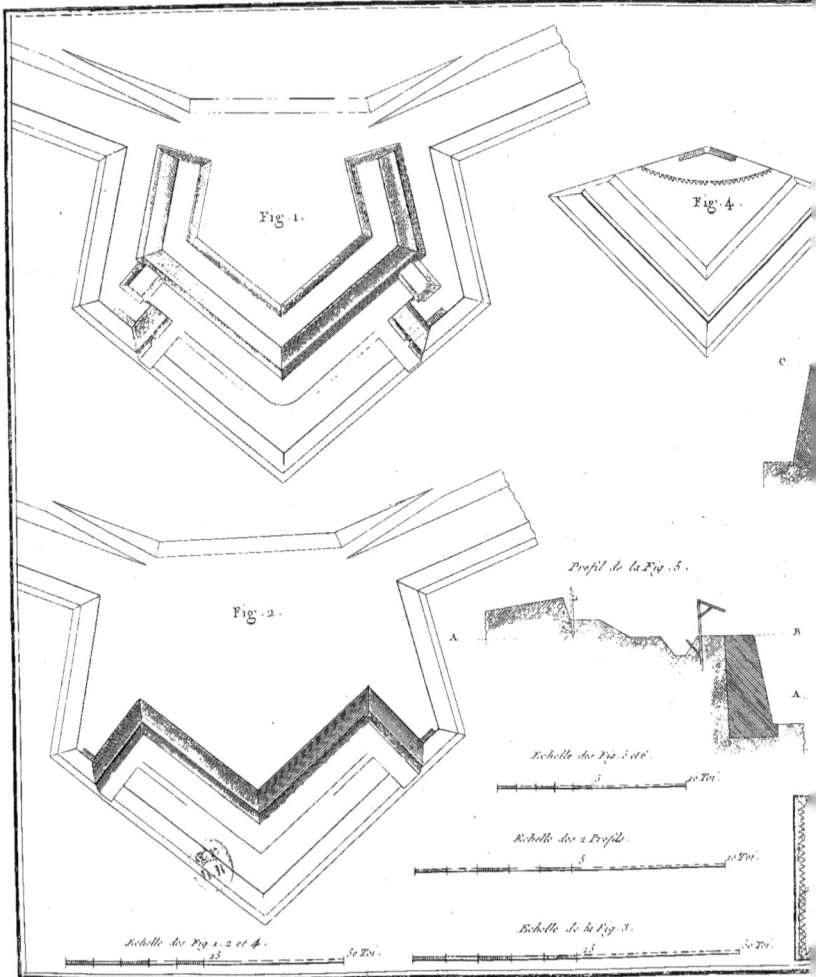

Fig. 1.

Fig. 4.

Fig. 2.

Profil de la Fig. 5.

Echelle des Fig. 5 et 6.

Echelle des 2 Profils.

Echelle de la Fig. 3.

Echelle des Fig. 1. 2 et 4.

Pl. 16.

Fig. 3.

Fig. 6.

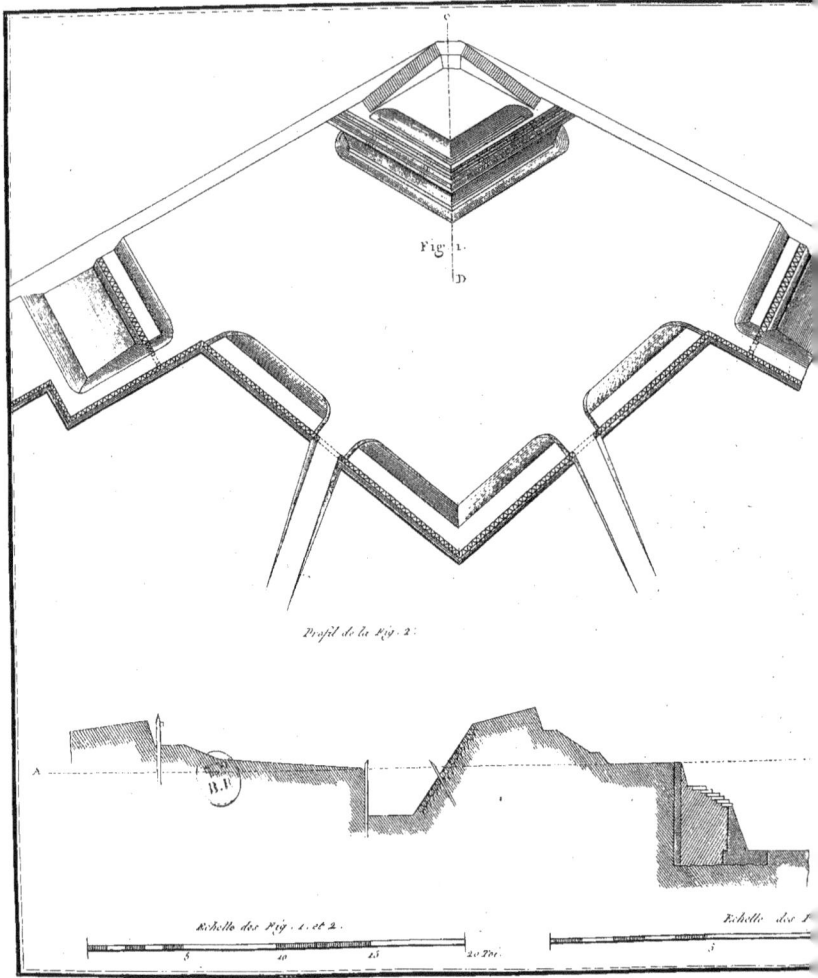

Fig. 1.

D

Profil de la Fig. 2.

A

B.I.

Echelle des Fig. 1. et 2.

Echelle des F

Pl.17.

Profil de la Fig. 1.er

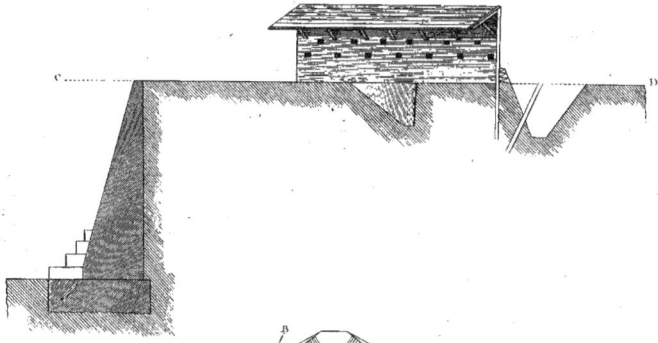

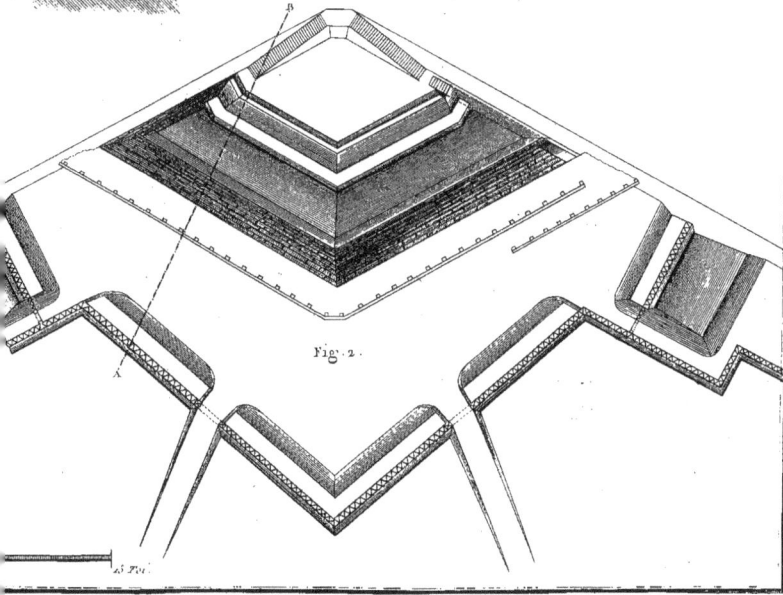

c .... D

B

Fig. 2.

A

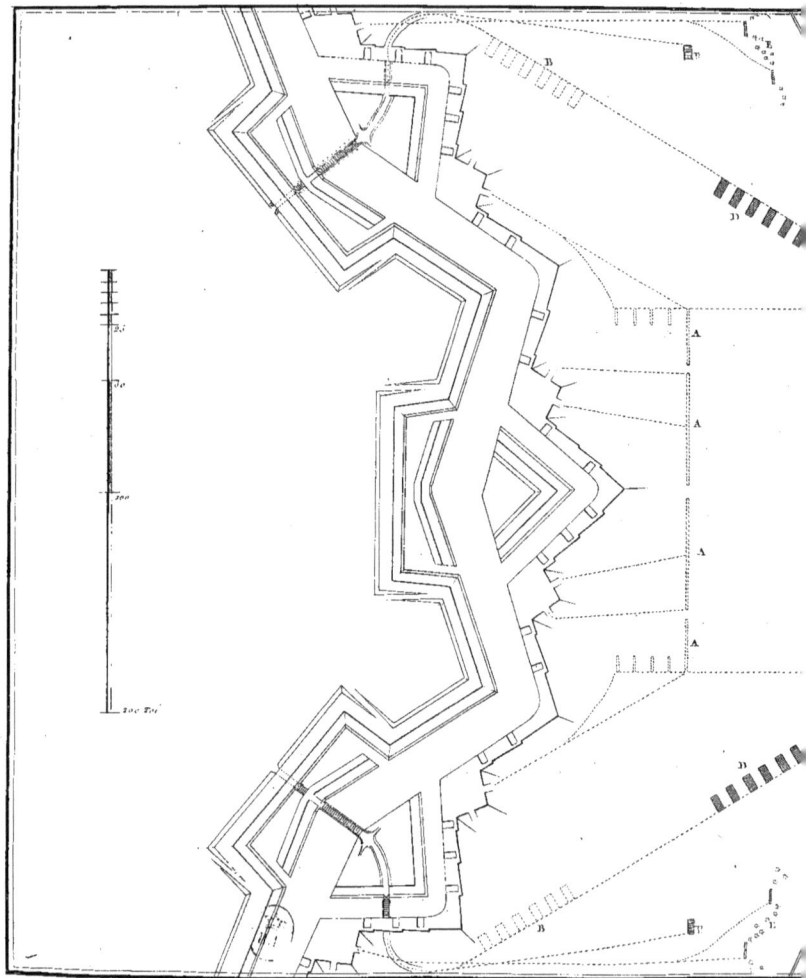

Pl.18.

Gravé par Adam.

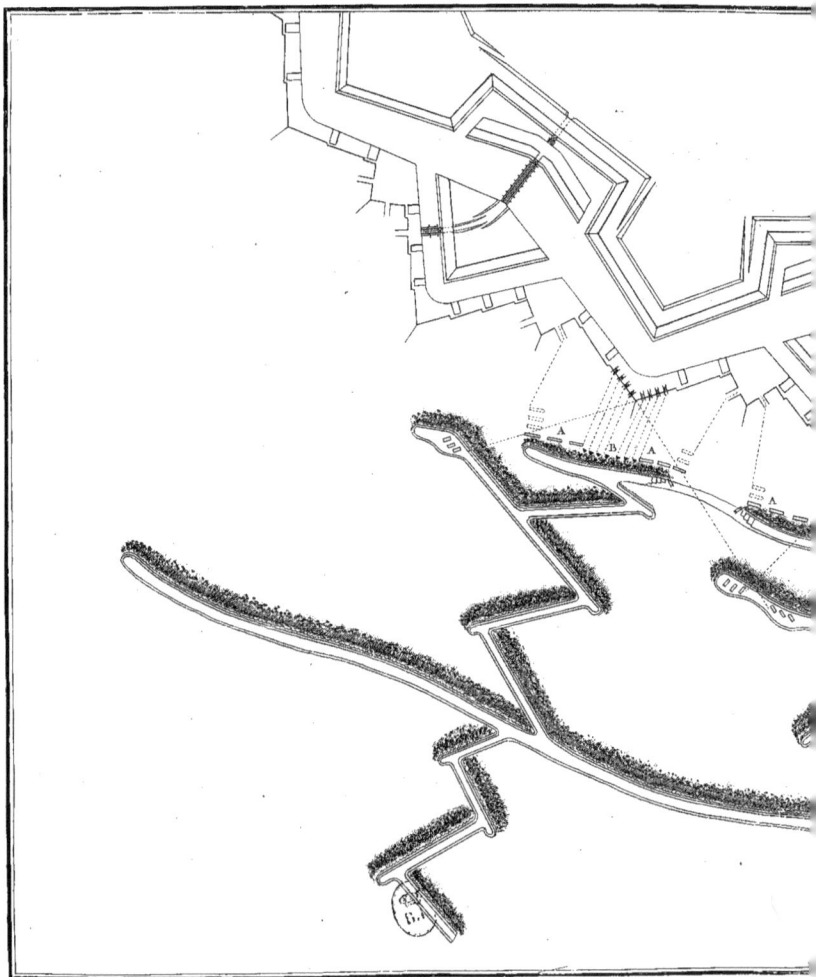

Pl.19.

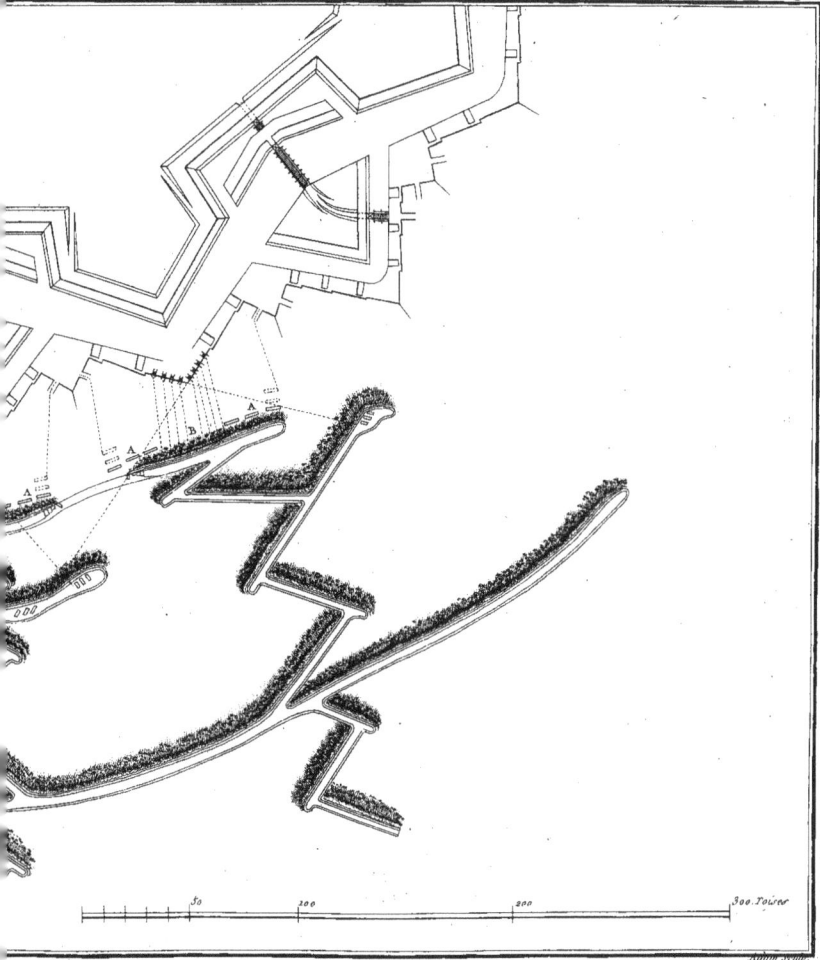

50   100   200   300.Toises

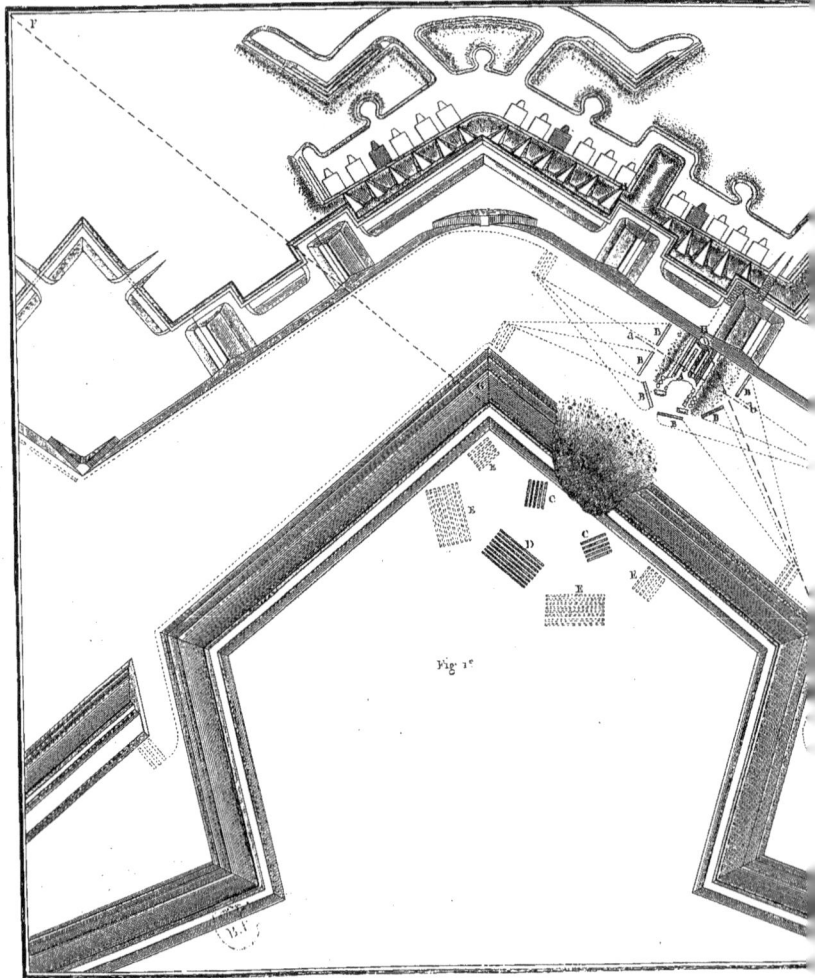

Fig 1.ᵉ

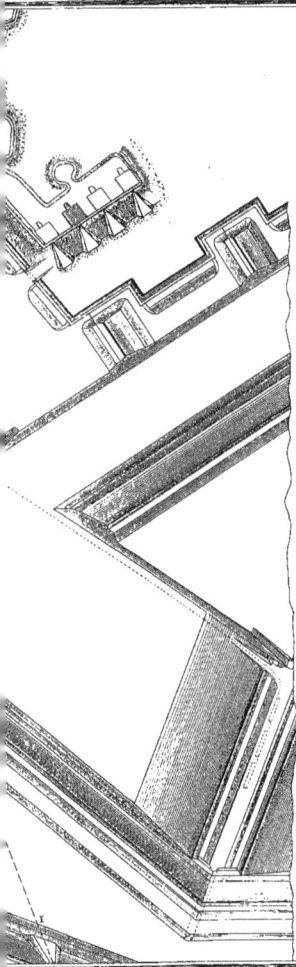

Pl. 20

Fig. 2.

a   b

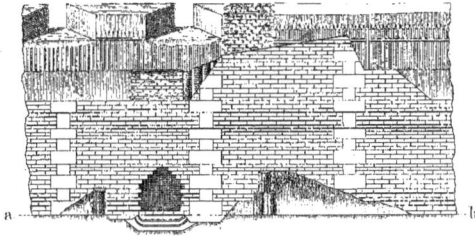

Echelle de la Fig. 1.°

5   10   20   40 Toi.

Echelle de la Fig. 2.°

1   2   3   4   5   10 Toi

Gravé par Nadon.

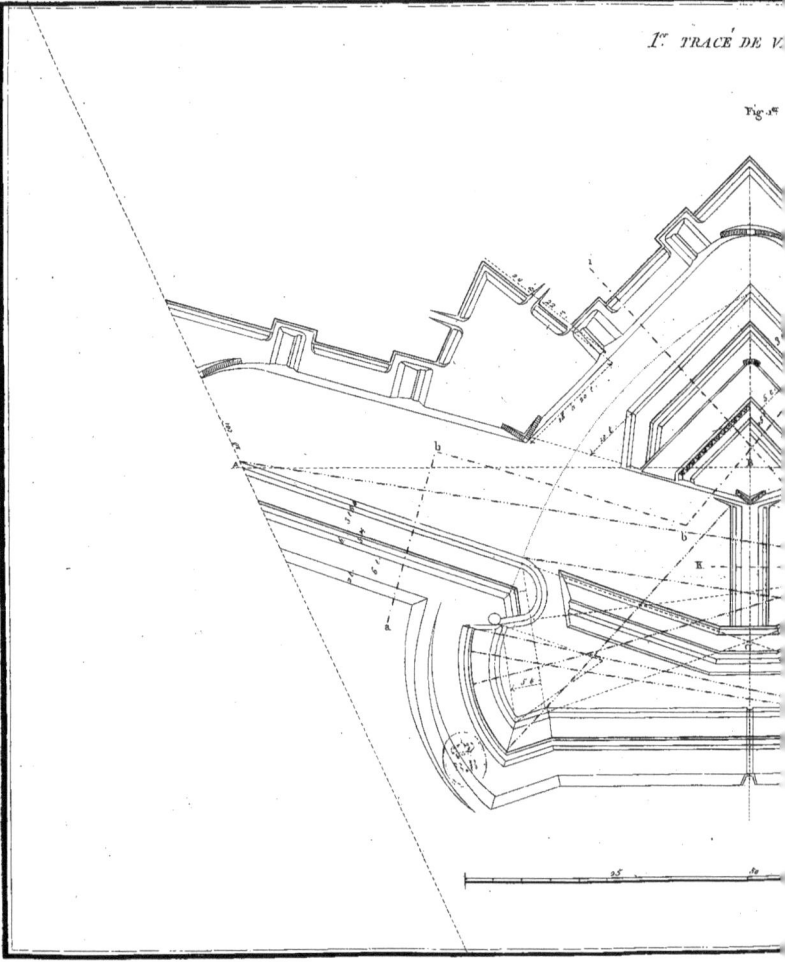

Fig. 1

Pl. 21.

Fig.ª 3. *Voyez tom. IV. l'explication des planches.*

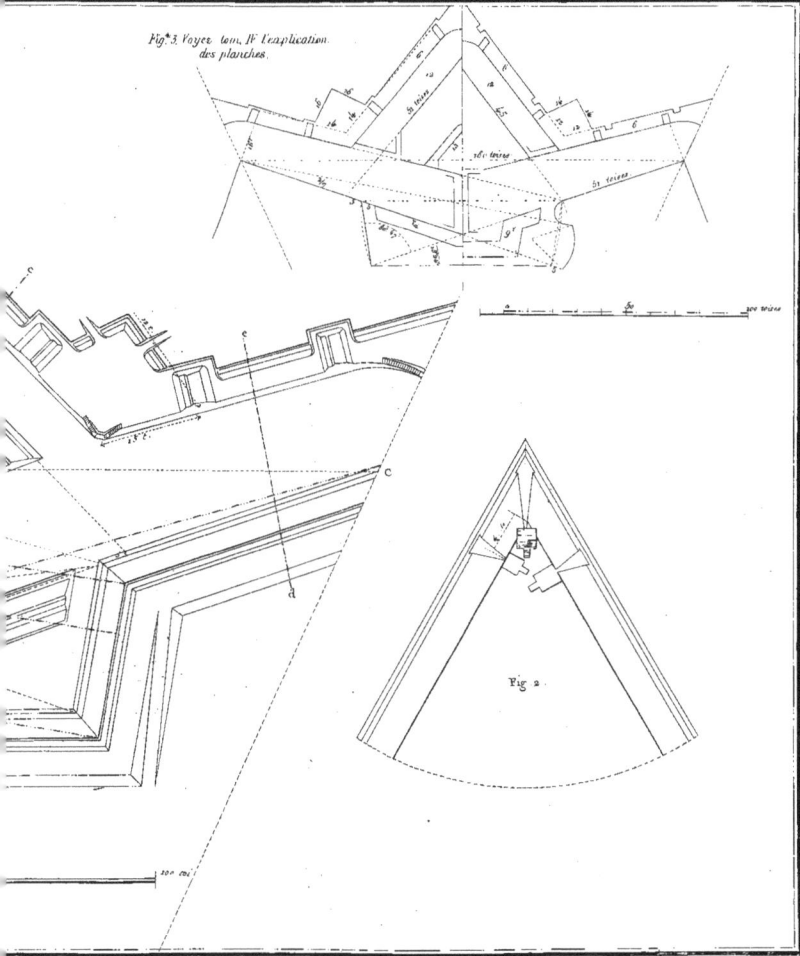

Fig 2

Gravée par Adam.

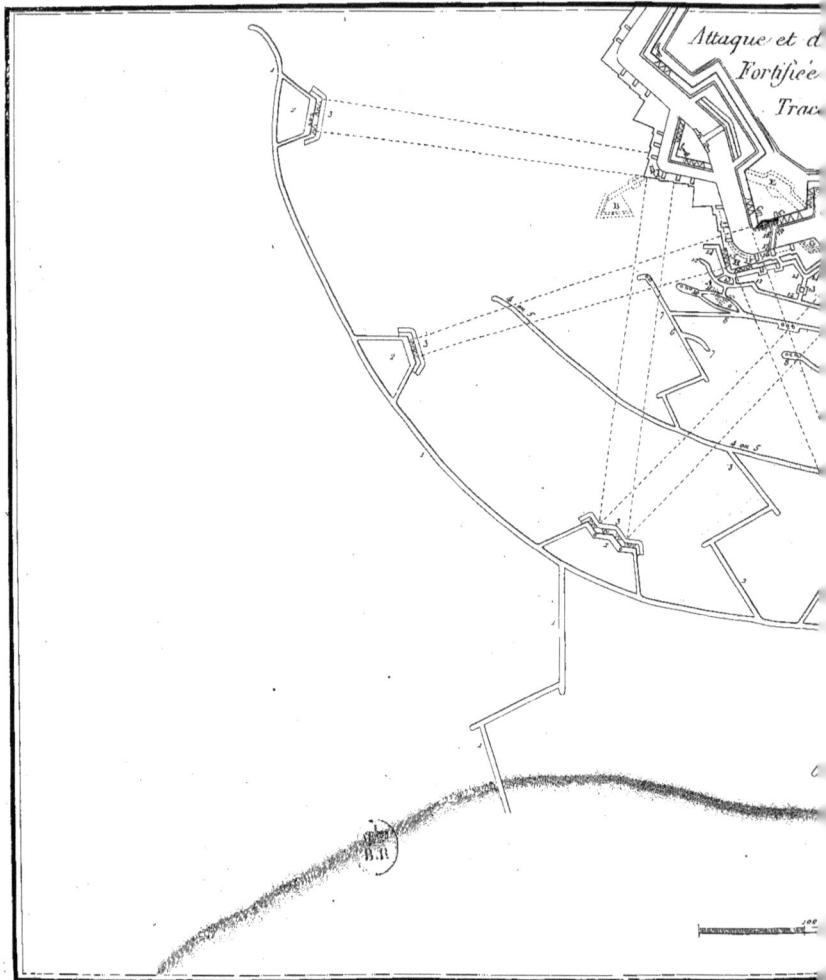

Attaque et d
Fortifieé
Trac

Pl. 22.

Fig. 1

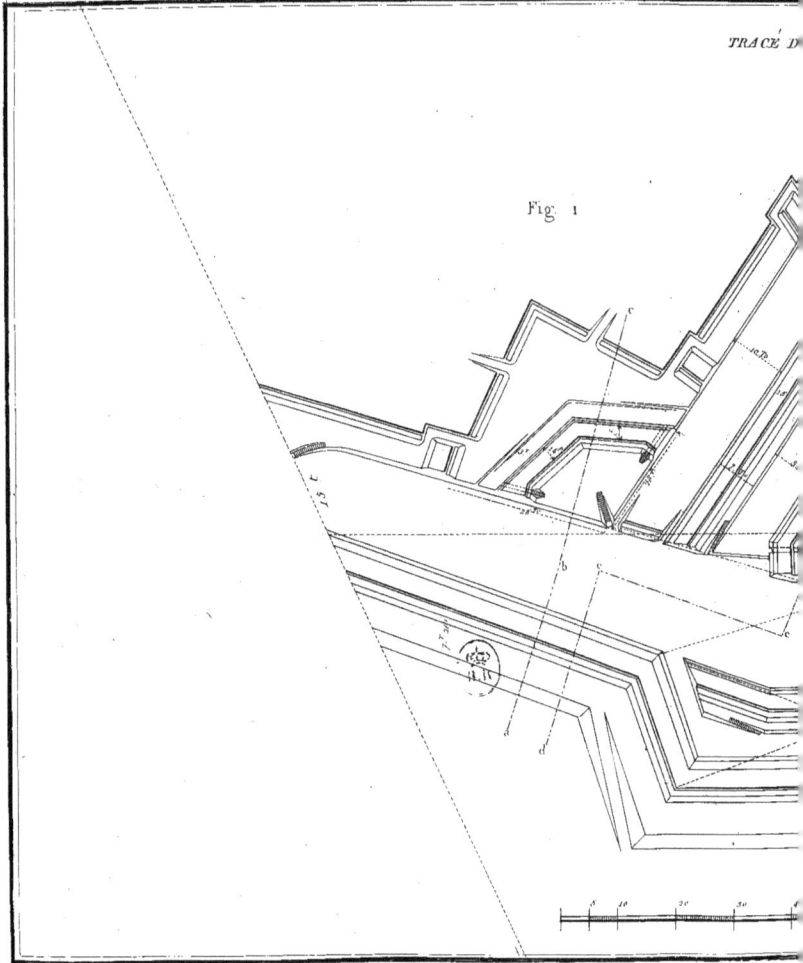

Pl. 23.

MINGNE.

Fig. 2 *Voyez tom. IV l'explication des planches.*

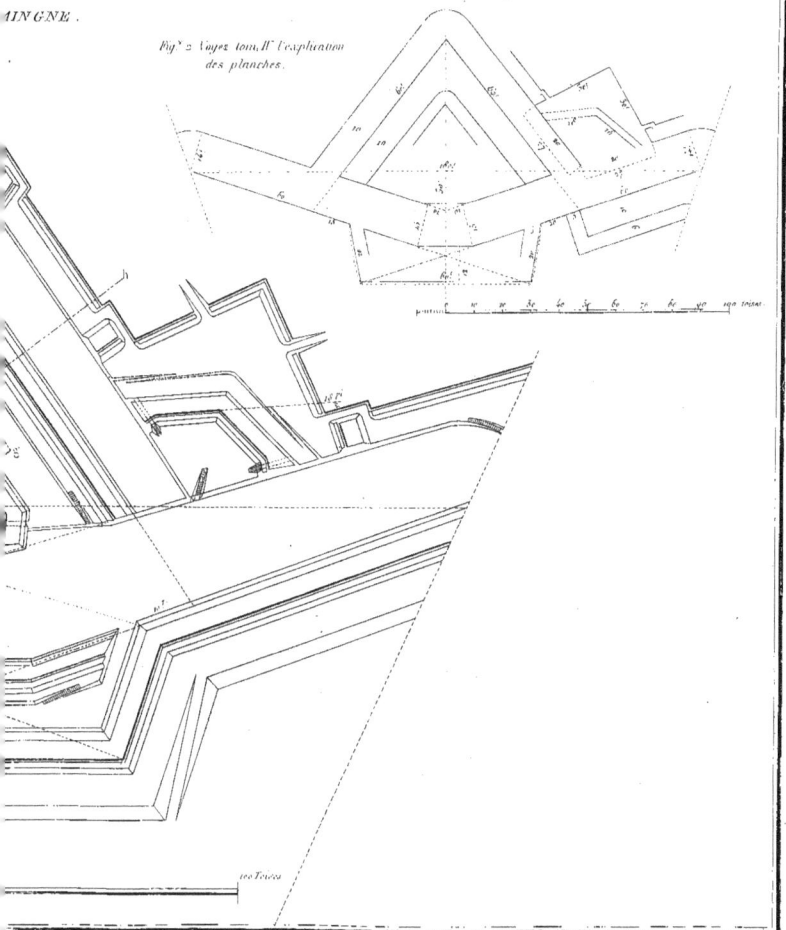

100 Toises

Adam Sculp

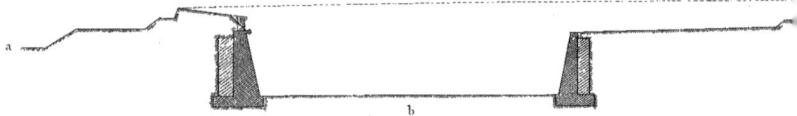

Fig. 2. Profil sur la ligne d, e.

Fig. 3. Pro

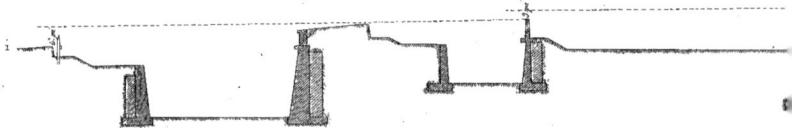

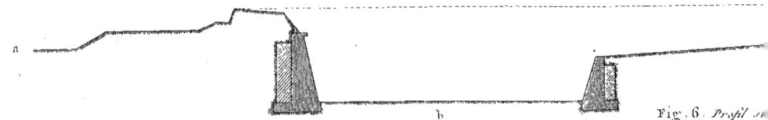

Fig. 6. Profil

Pl. 24.

CHE 21. (1.er tracé de Vauban)

b, b c.

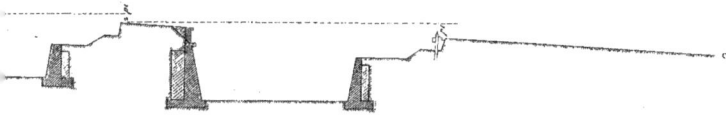

Fig. 4. Profil de la Caponnière sur la ligne k l.

f g, g h, h i.

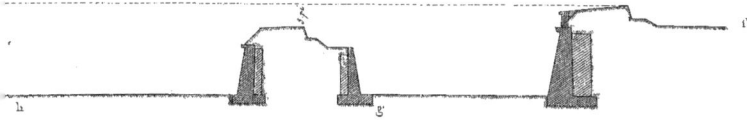

E 23. (Tracé de Cormontaigne)

b, b c.

e i, f g, g h.

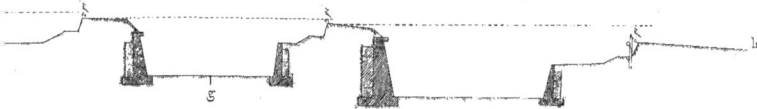

Gravée par Adam.

Attaque et défense

de

D

C'

C

Pl. 25.

lace suivant le tracé
igne.

C

D

C

N.º IN

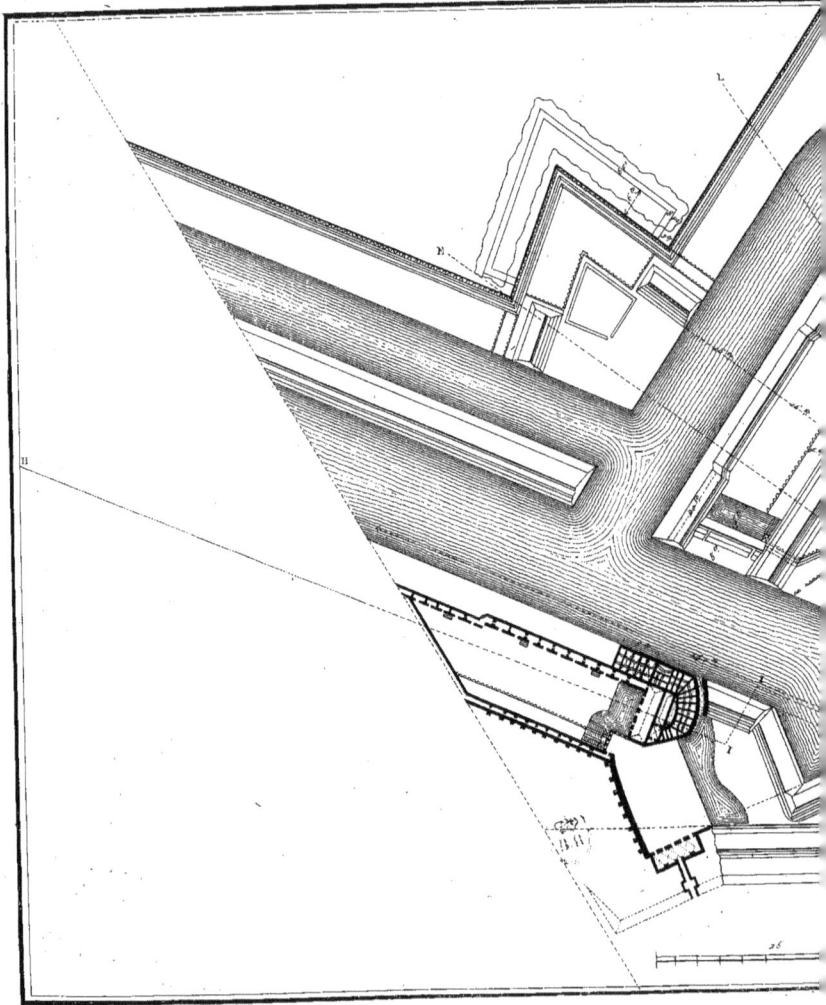

Pl. 26.

1er SYSTÈME DE COEHORN.

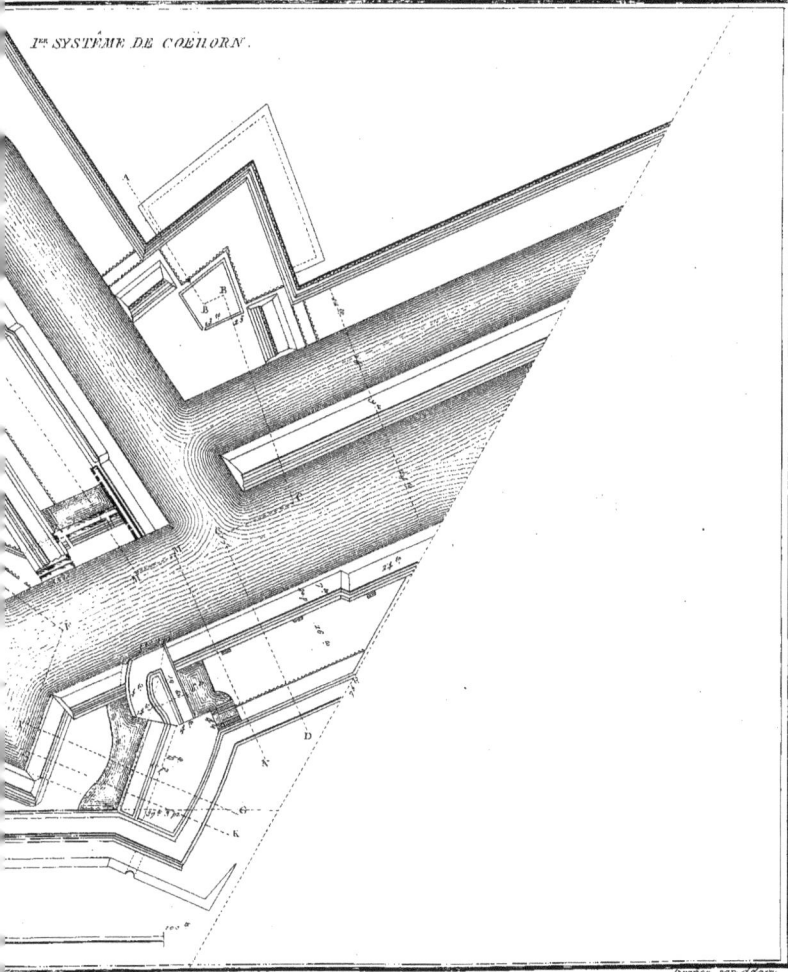

tracée par Adam

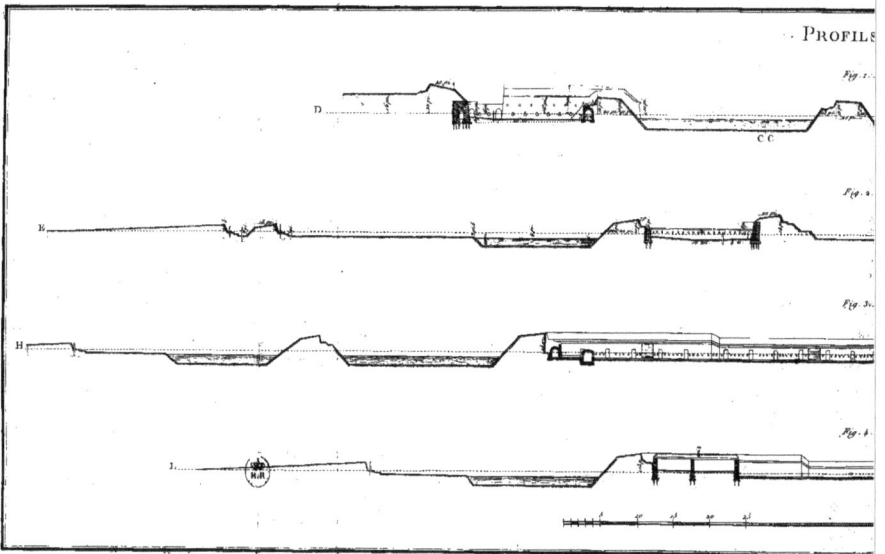

PROFILS

Fig. 1.

Fig. 2.

Fig. 3.

Fig. 4.

Pl. 27.

LA PLANCHE 26.

ur les lignes DC. CB.BA.

BB

A

sur les lignes EF. FG.

FF

G

sur les lignes HI.IK.

II

K

sur les lignes LM.MN.

MM

N

sur Tours.

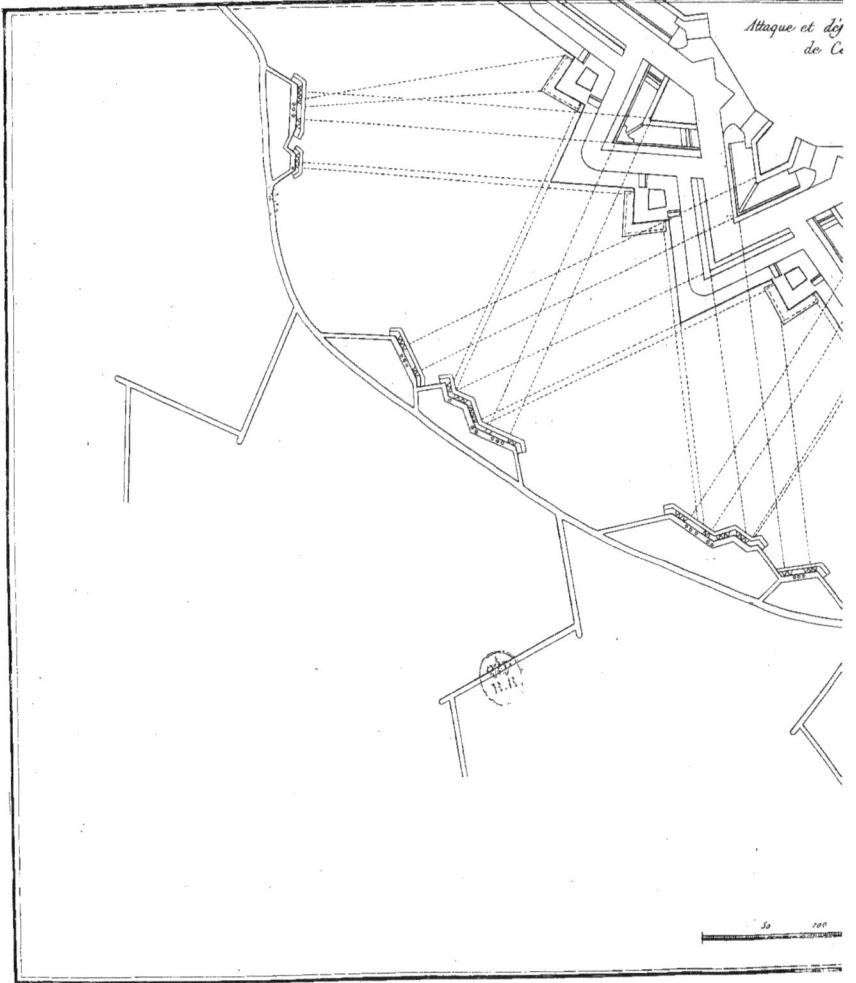

Attaque et dé[...]
de C[...]

50   100

Pl. 28.

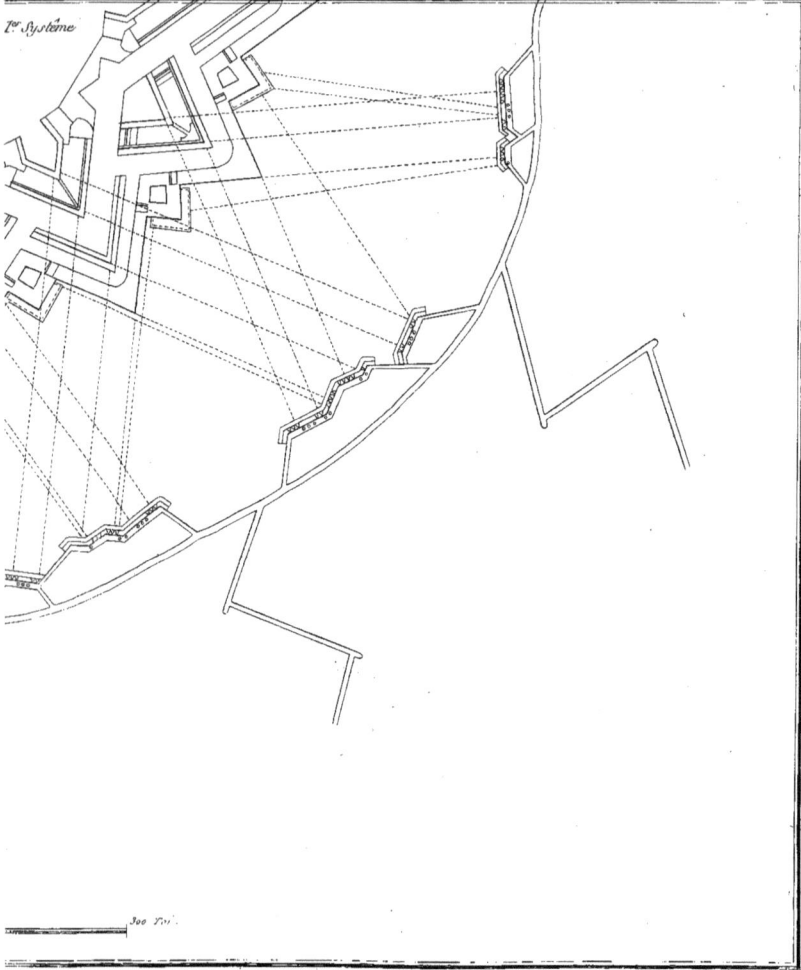

1er Système

300 T.

Gravé par Adam.

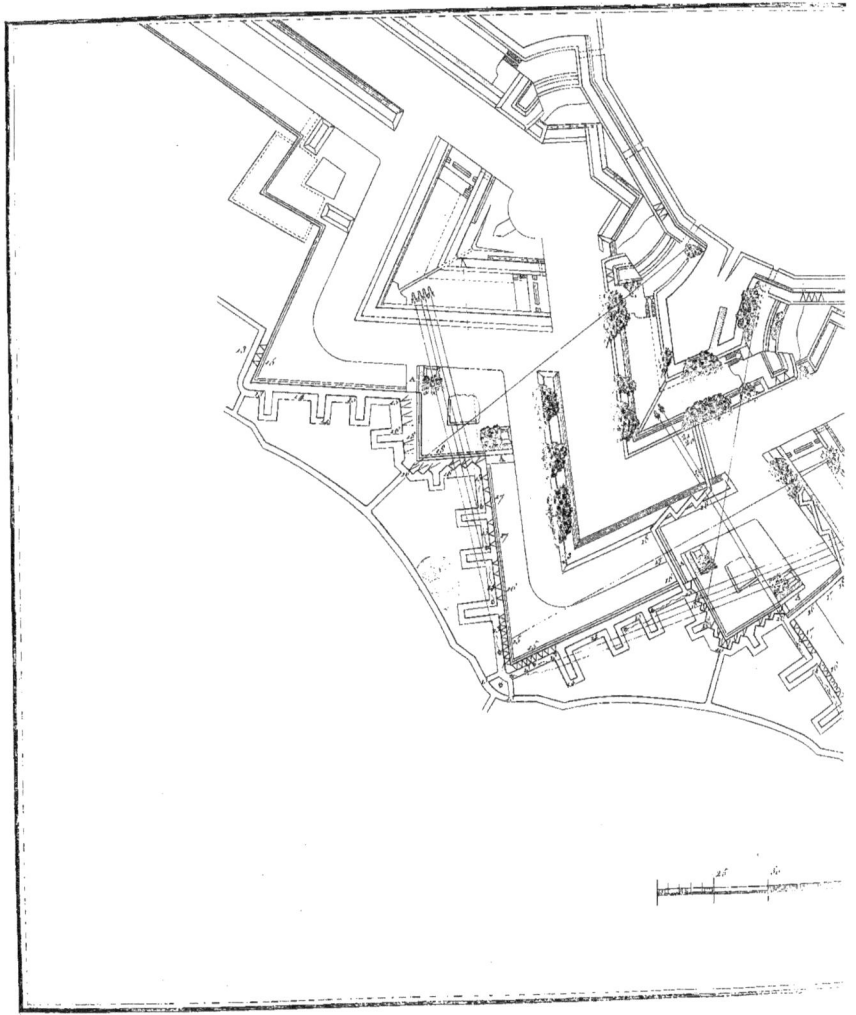

Pl. 29.

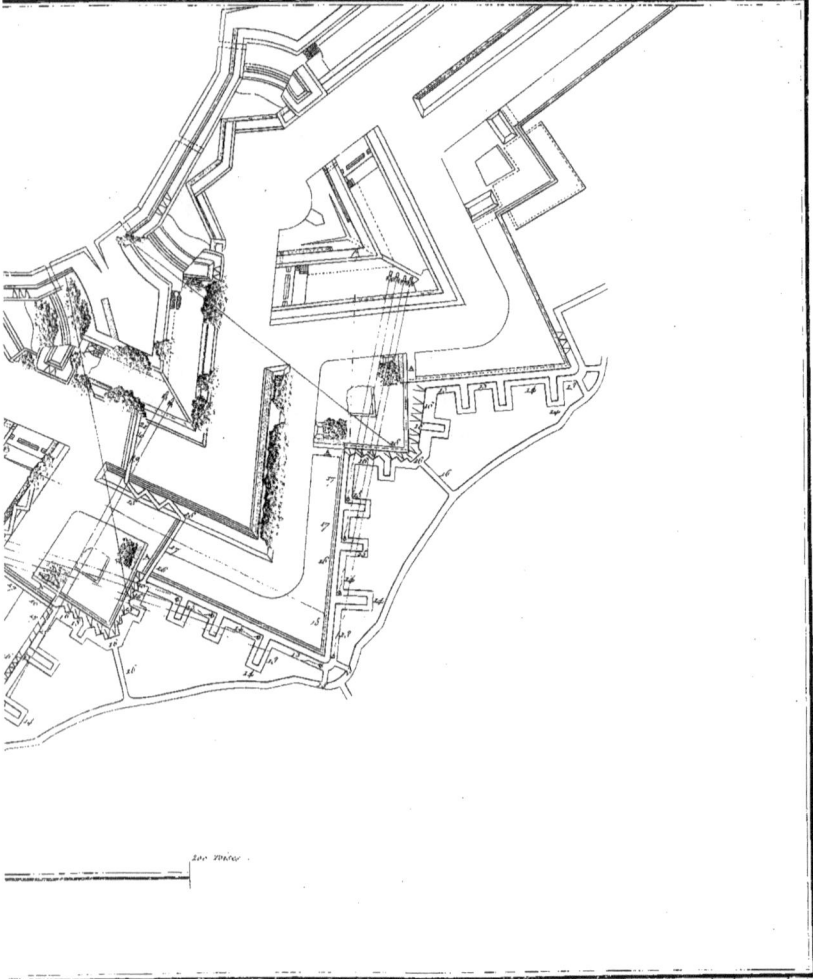

100 Toises.

Gravé par Adam.

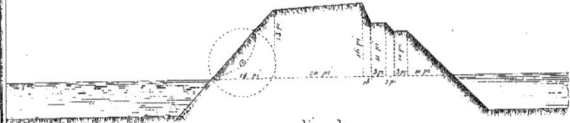

Fig.1.

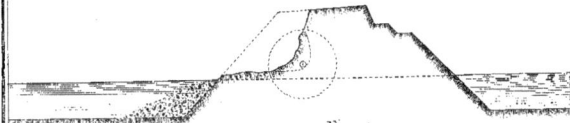
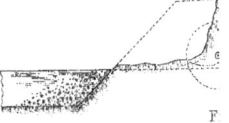

Fig.4.

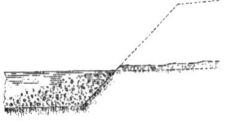

Fig.7.

Fig.10.

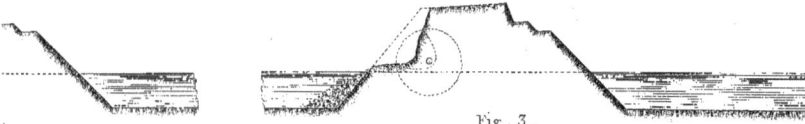

Fig. 3.

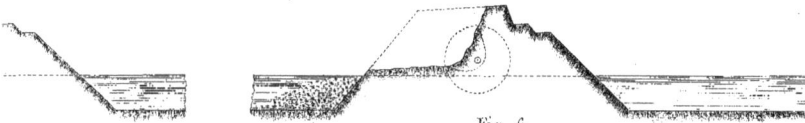

Fig. 6.

8.

Fig. 9.

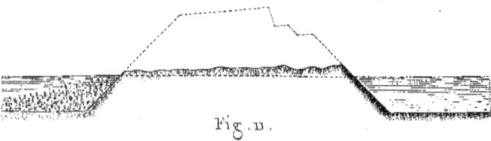

Fig. 11.

10 Thises.

Fig. 1. *2.ͤ Systéme de Cochorn.*

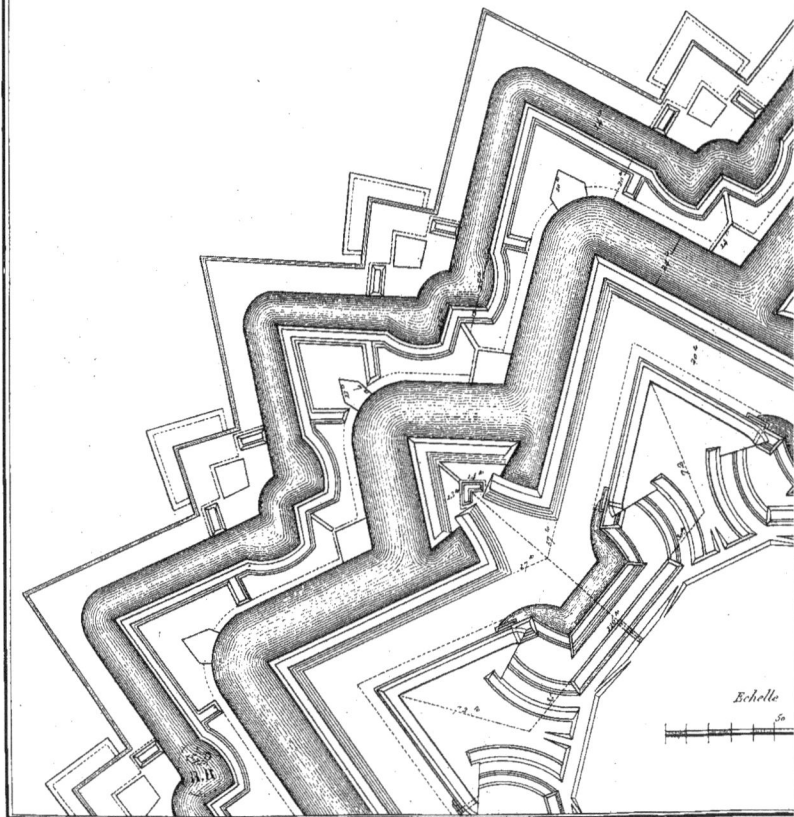

Echelle

Pl. 31.

Fig . 2 . 3e. Systême de Cœhorn .

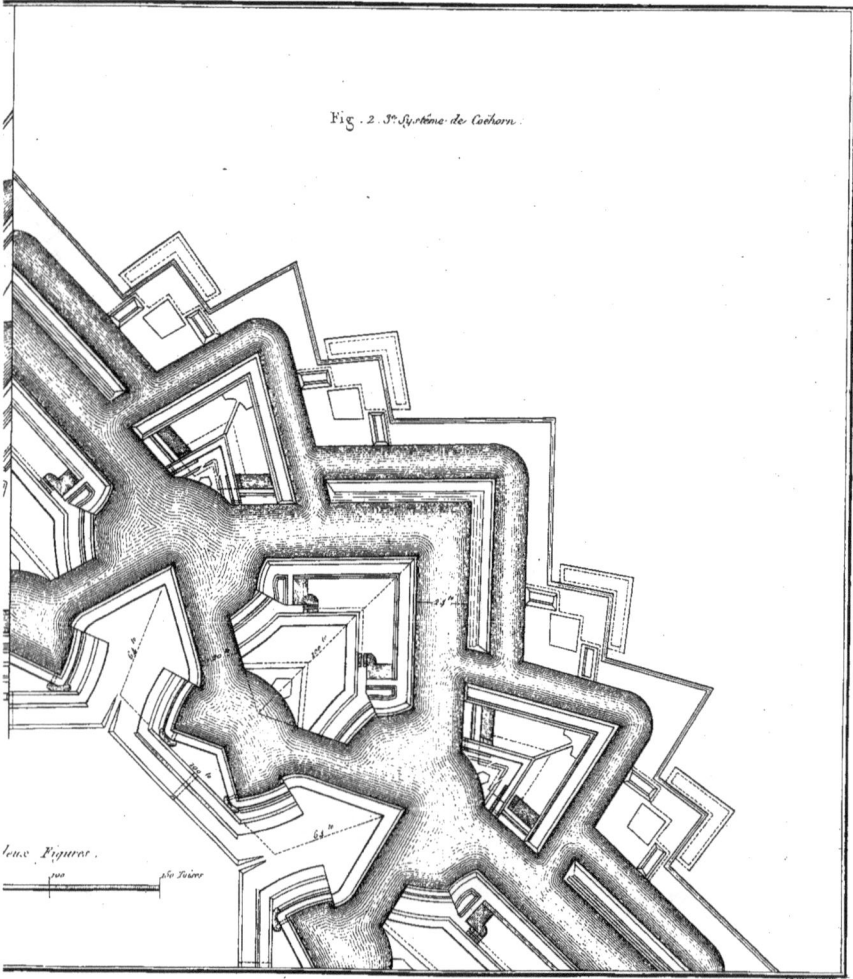

les Figures .

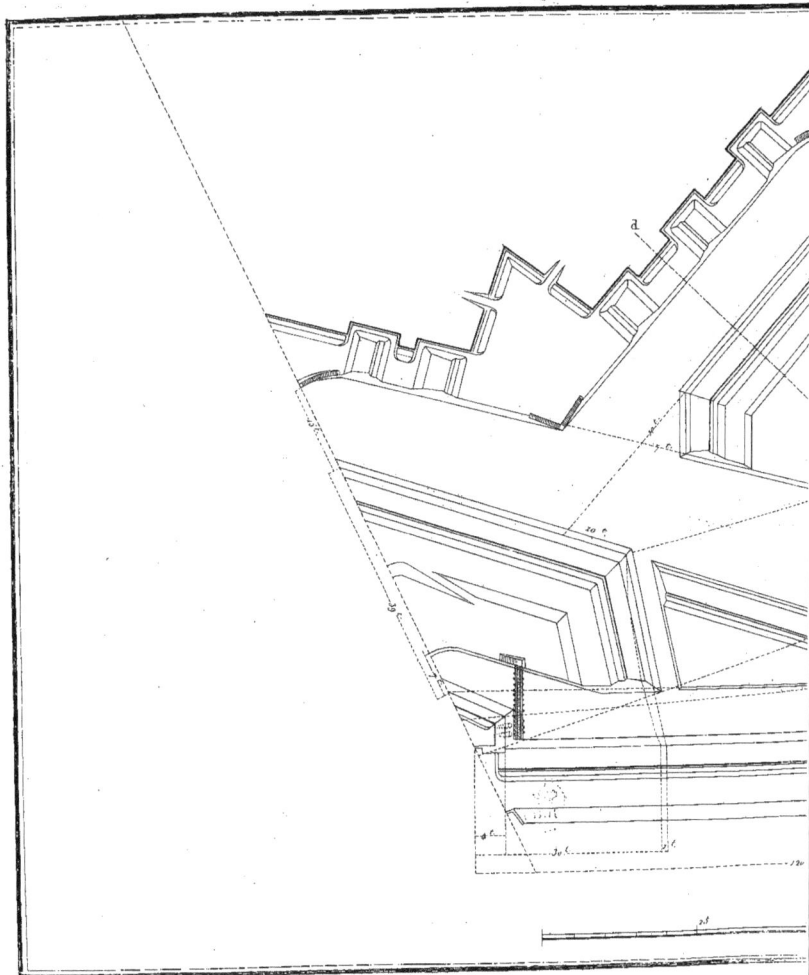

Pl. 32.

2.ᵉ Tracé de Vauban, appliqué à un hexagone.

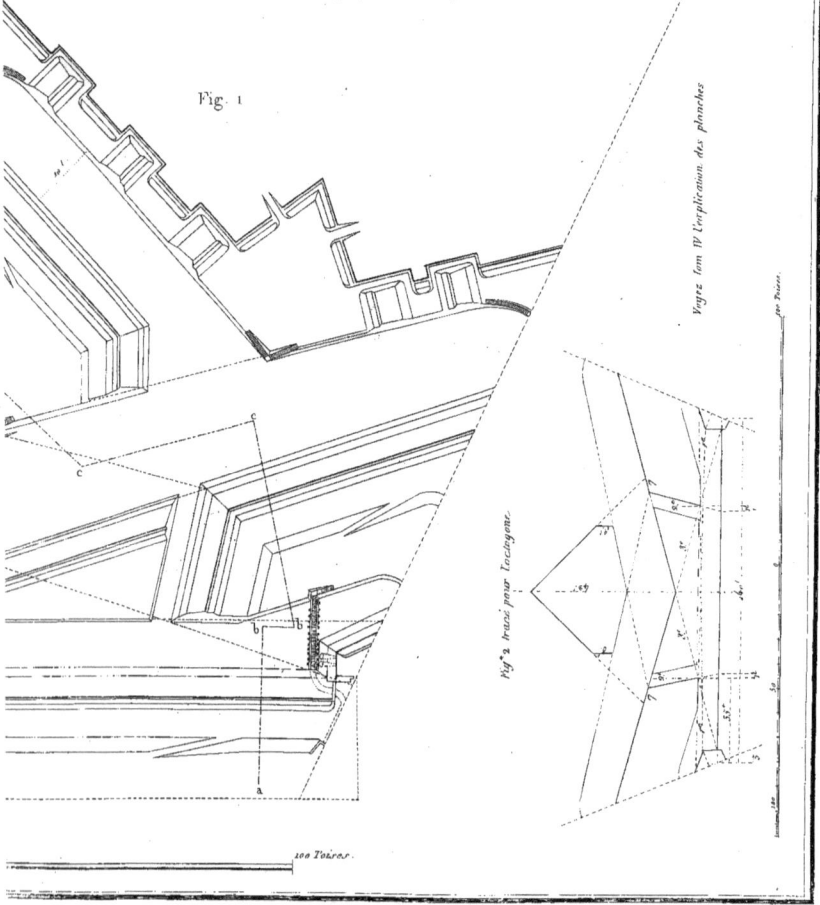

Fig. 1

Voyez tom. IV l'explication des planches

Fig.ᵉ 2 tracé pour l'ocitogone.

100 Toises.

Adam sculp.

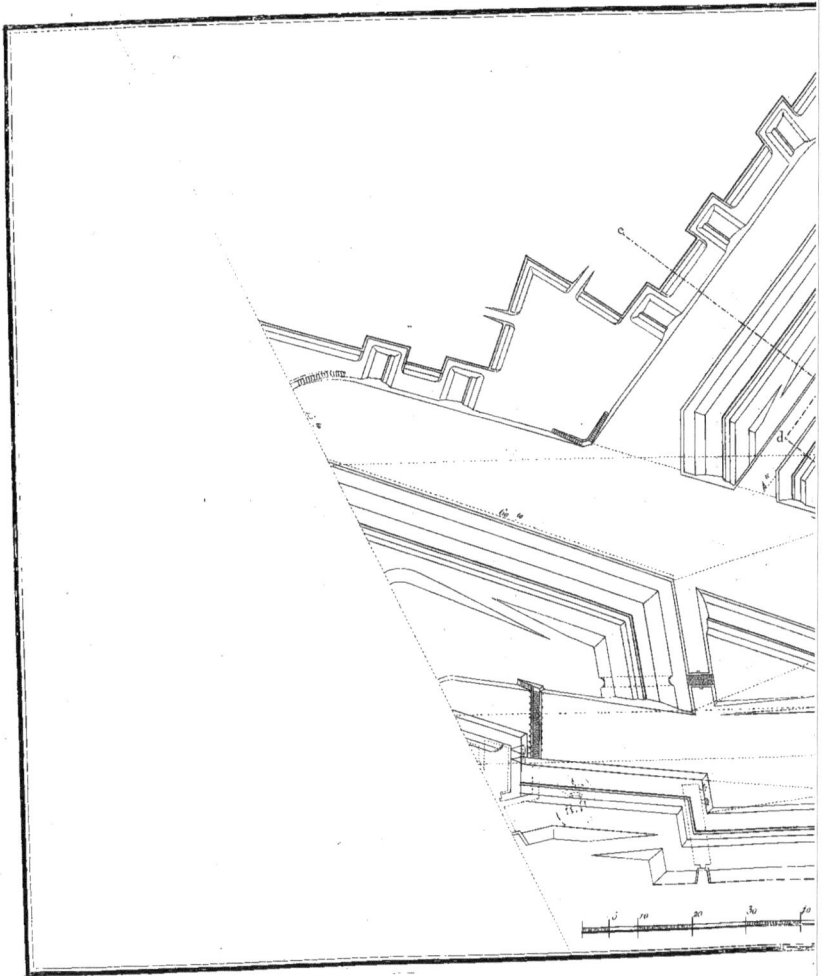

Pl. 33.

3ᵉ Tracé de Vauban.

Fig. 1ʳᵉ.

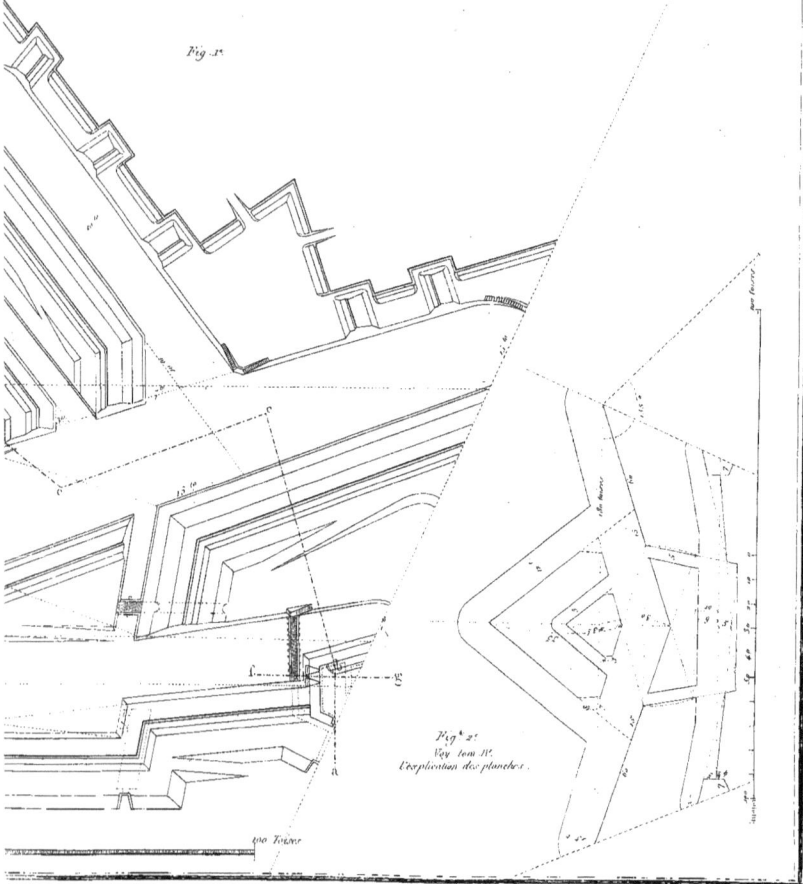

Fig. 2ᵉ.
Voy. tom. IV.
l'explication des planches.

100 Toises.

Gravé par Adam.

Fig.1. *Profil sur les Lign...*

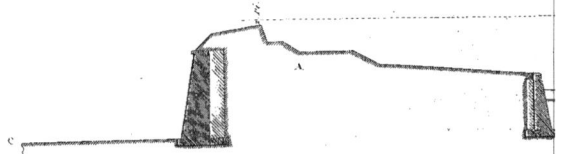

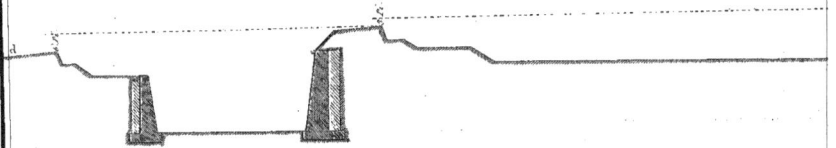

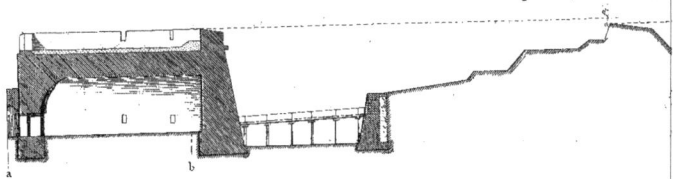

Fig.2. *Profil sur les Lig...*

Fig.3. *Profil sur les Lig...*

Fig.4. *Profil sur les Lignes c d, d e de la Pl. 33.*

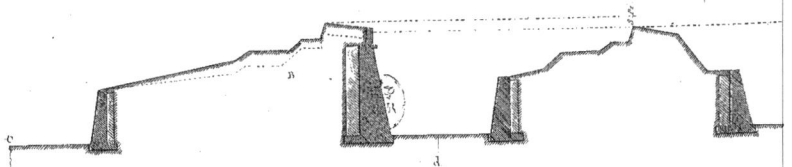

Pl. 34.

b a . de la Pl. 32 . (2.ᵉ Tracé de Vauban.)

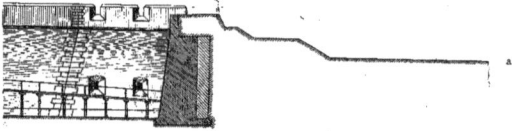

, c b . de la Pl. 32 .

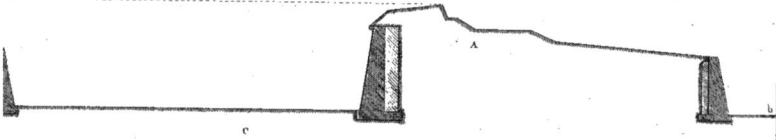

, c , c d . de la Pl. 33 . (3.ᵉ Tracé de Vauban.)

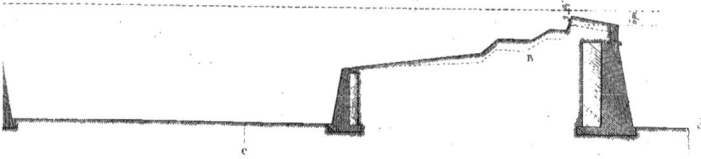

Fig. 5 Profil sur la Ligne f . g . de la Tour.

5e toi.

Gravée par Adam.

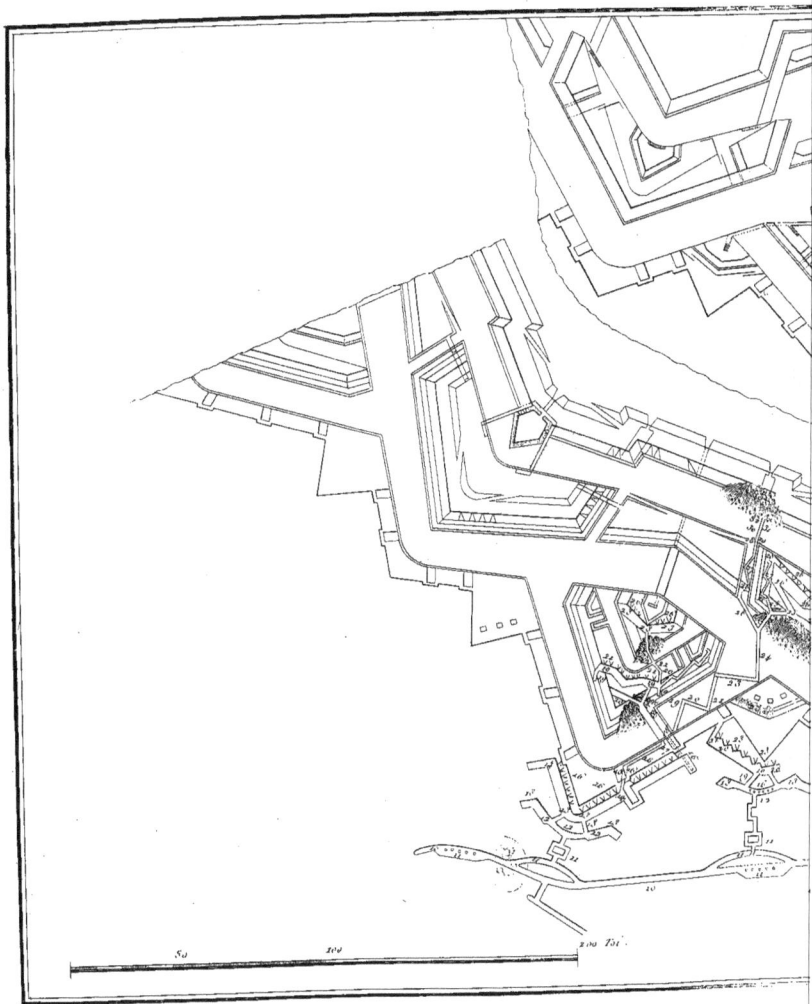

Pl. 35.

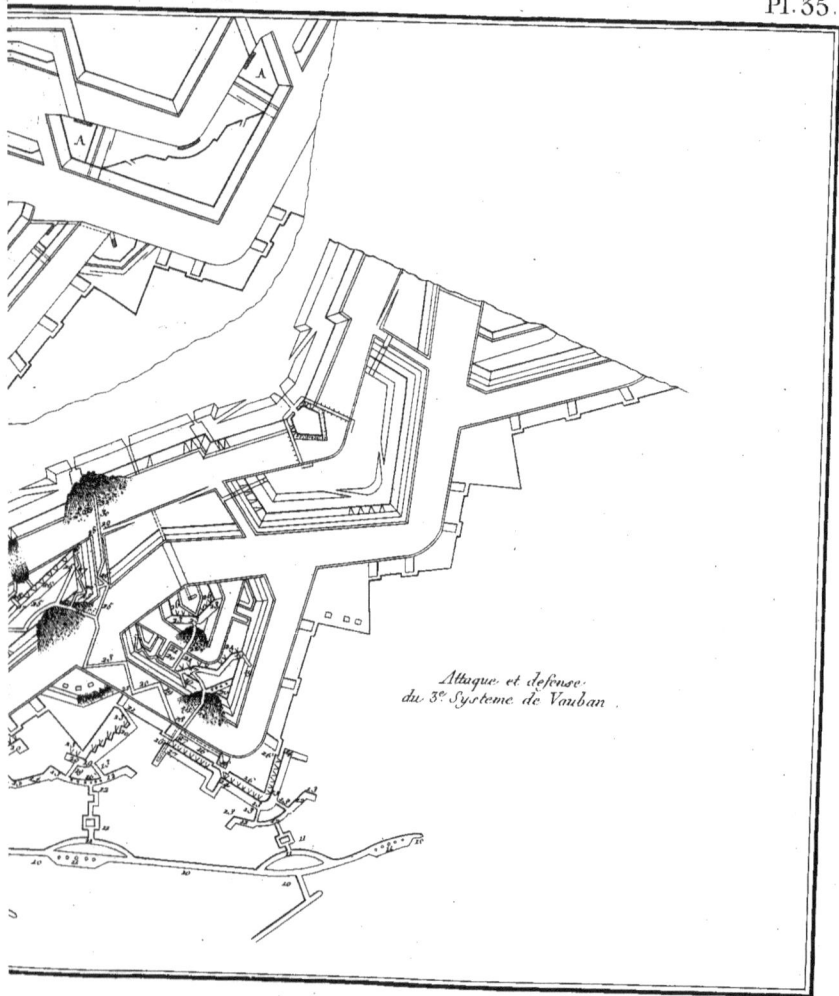

Attaque et défense
du 3e Systeme de Vauban.

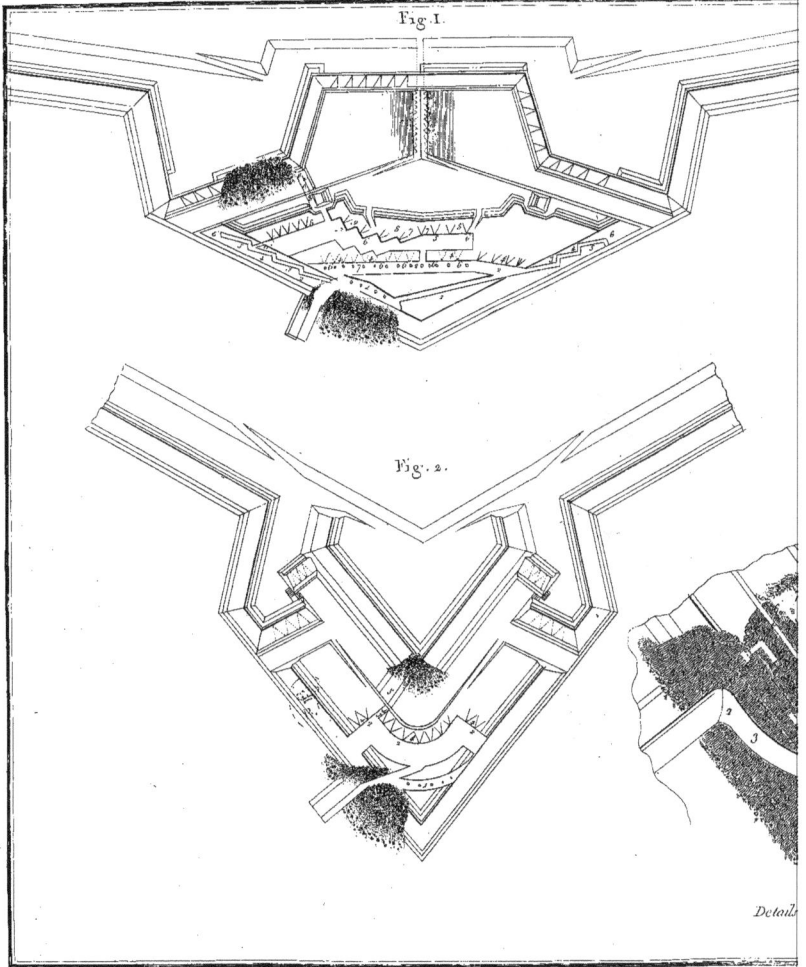

Fig. I.

Fig. 2.

Details

Pl. 36.

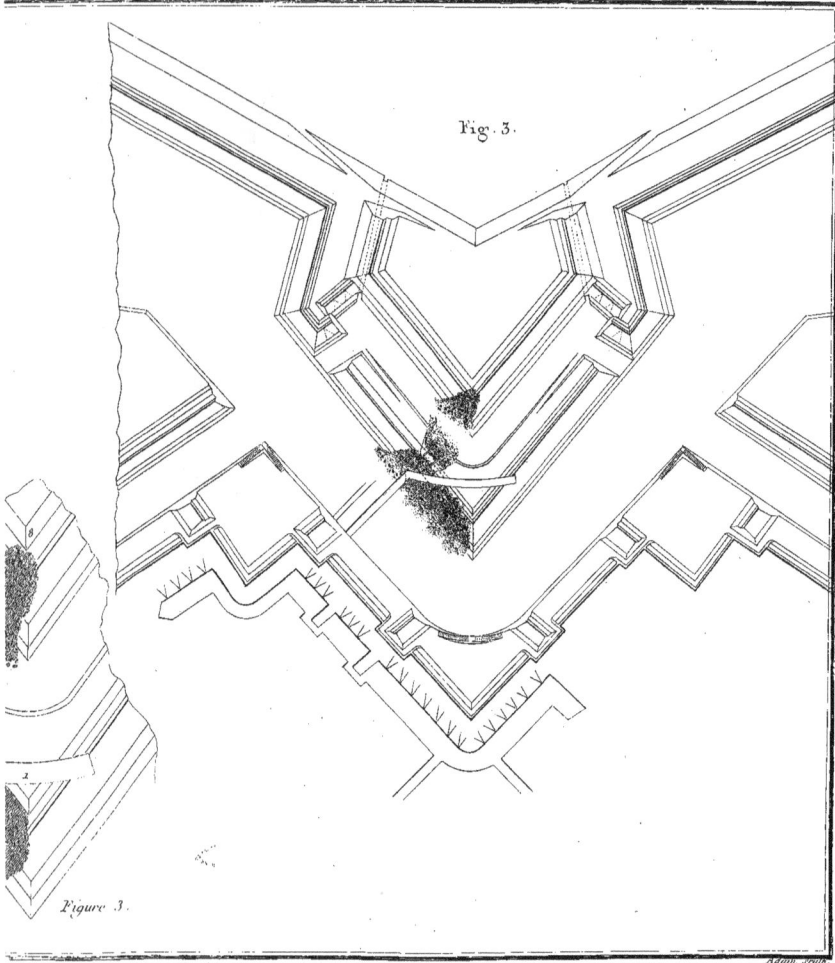

Fig. 3.

Figure 3.

Adam. Sculp.

Fig. 1re

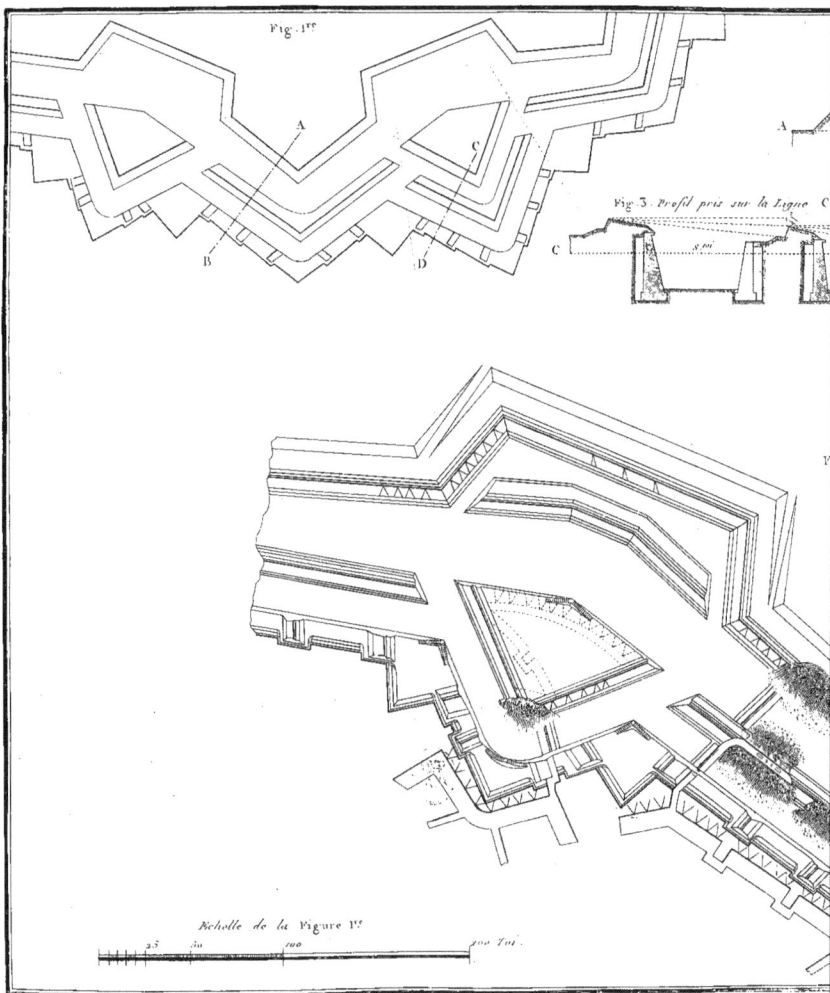

A

C

B

D

Fig. 3. Profil pris sur la Ligne C

C

A

Echelle de la Figure 1re

25   30   100   200 Toi.

Pl. 37.

Fig. 2. *Profil pris sur la Ligne* A B *de la* Fig. 1ʳᵉ

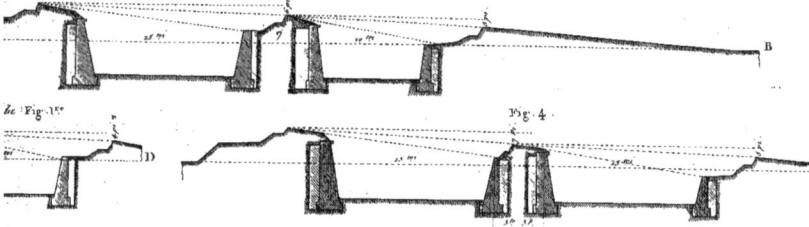

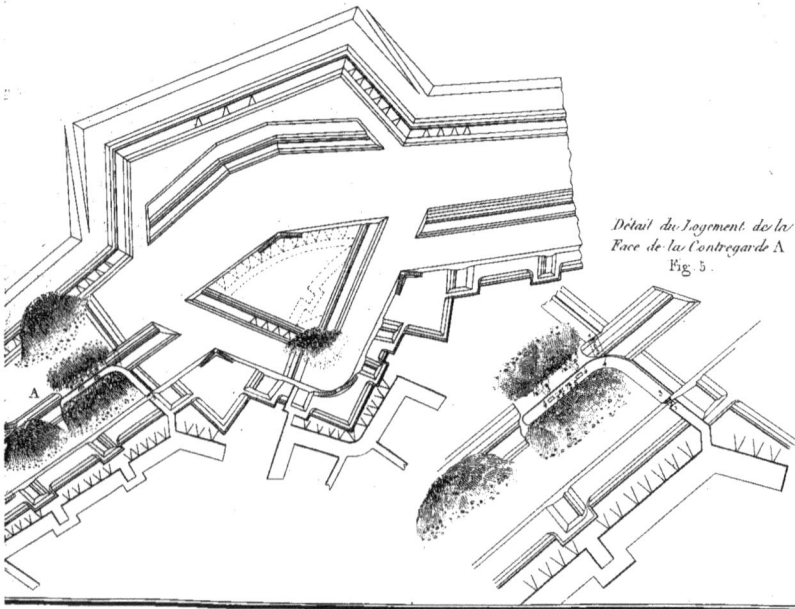

B

de Fig. 1ʳᵉ

Fig. 4.

D

Détail du Logement de la Face de la Contregarde A

Fig. 5.

A

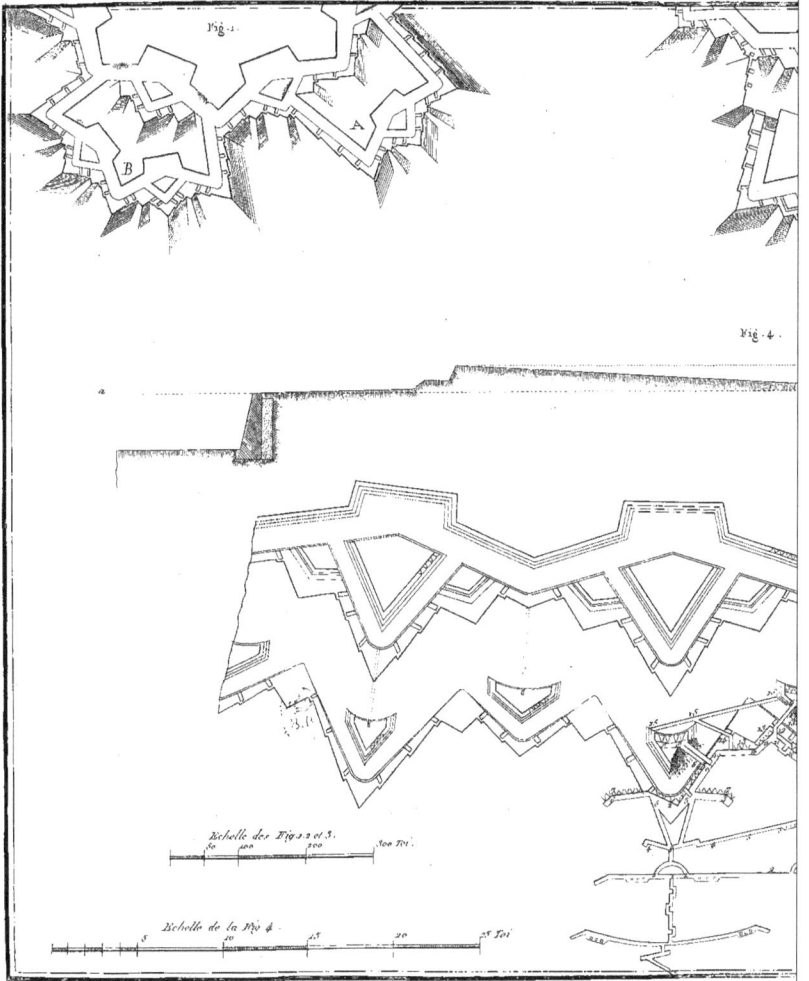

Fig. 1.

Fig. 4.

Echelle des Figs. 2 et 3.

Echelle de la Fig. 4.

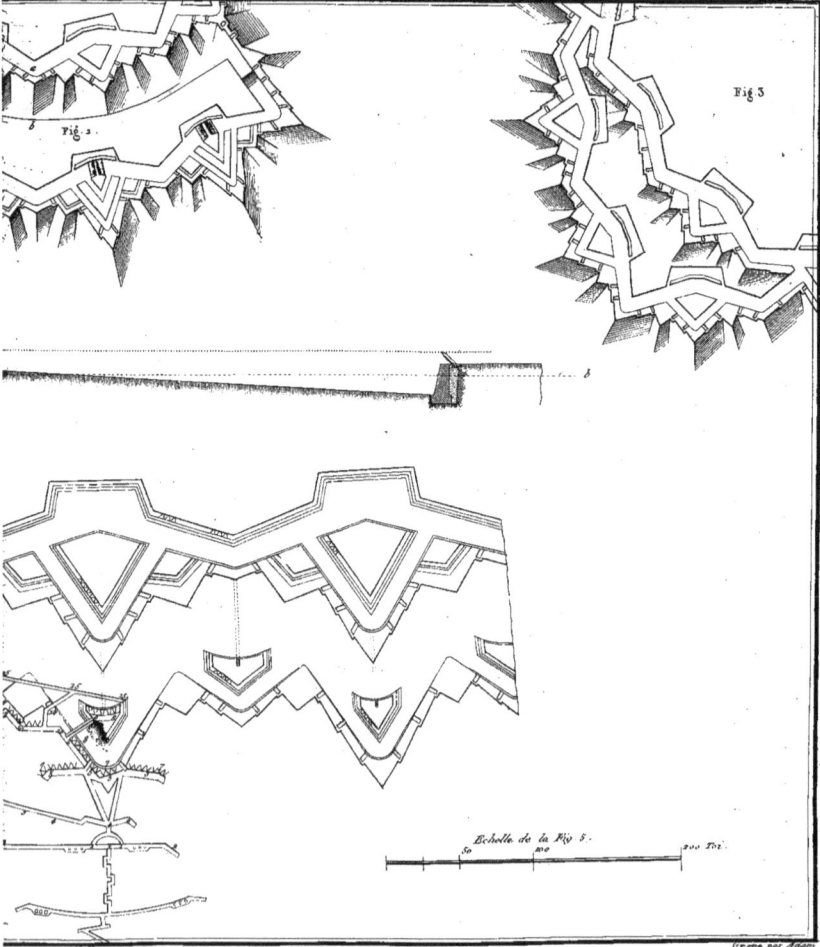

Pl. 38.

Fig 3

Fig 2

δ

δ

Echelle de la Fig 5.

50   100   200 Toi

Grave par Adam.

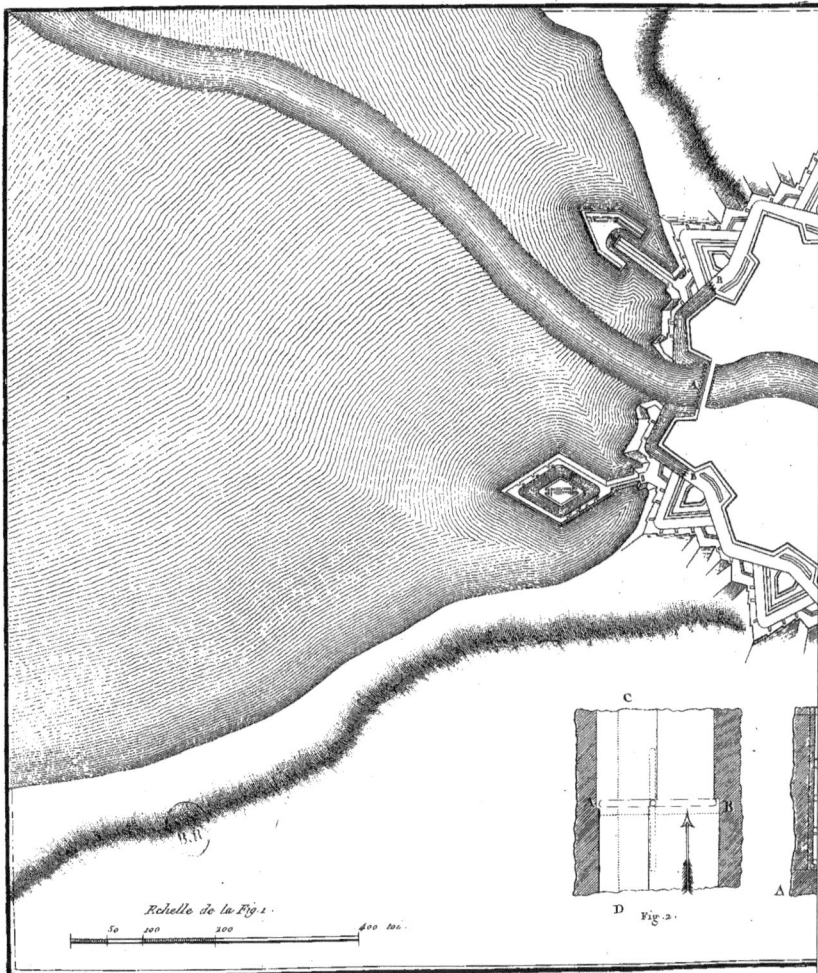

C

A   B

D   Fig. 2.

A

Echelle de la Fig. 1.

50   100   200   400 *toi.*

Pl. 39.

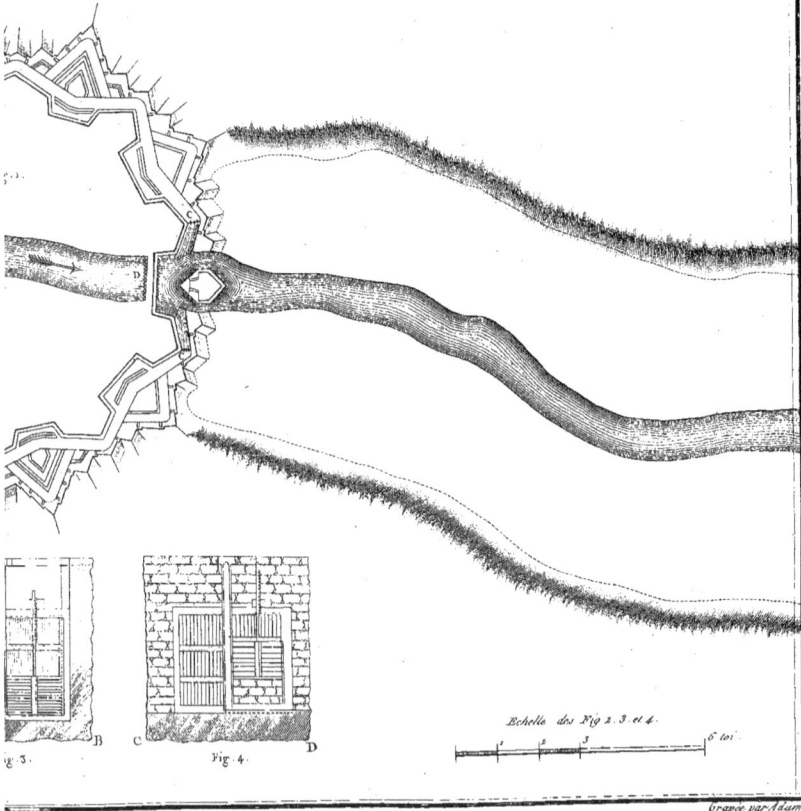

Echelle des Fig 2.3 et 4.

Fig. 3.

Fig. 4.

Gravé par Adam.

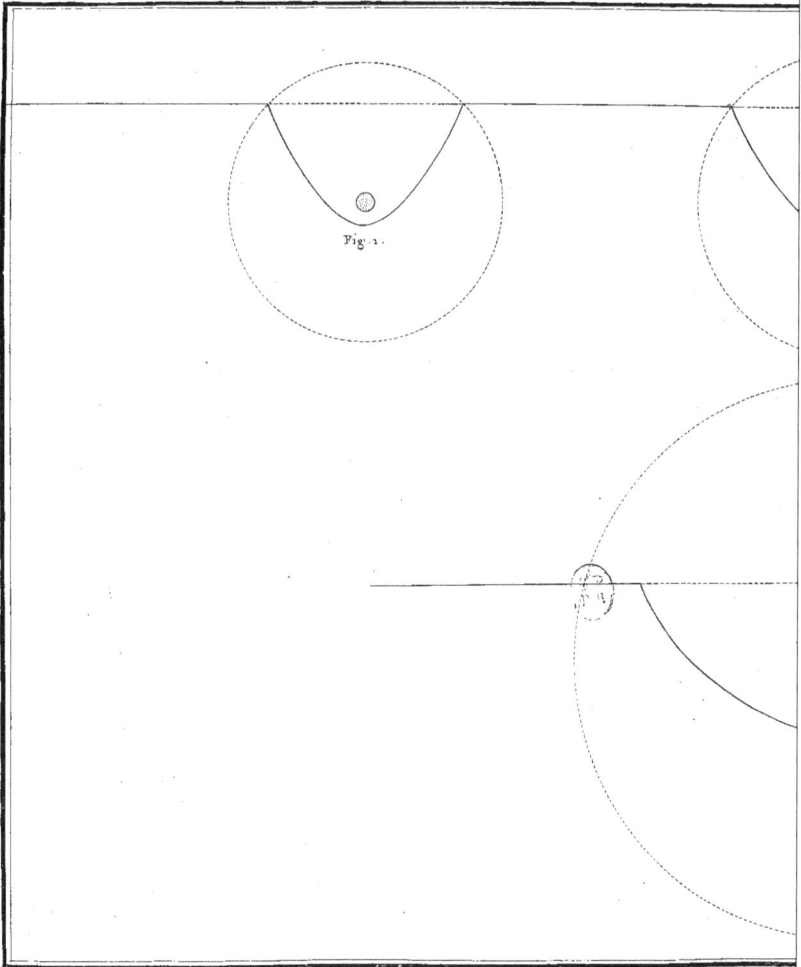

Fig. 1.

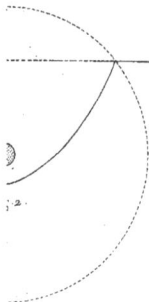

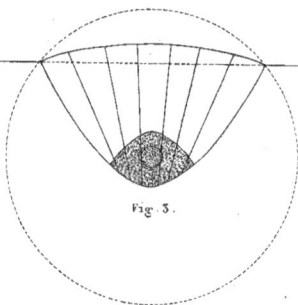

Fig. 3.

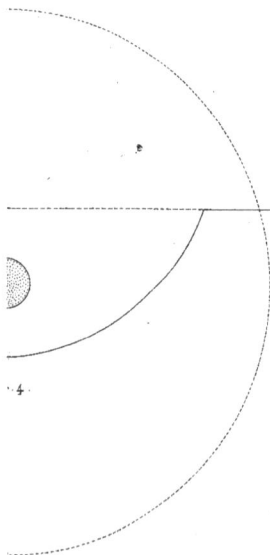

2.

4.

Pl. 40.

Gravé par Adam.

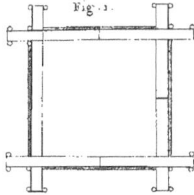

Fig. 1.

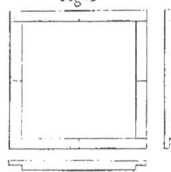

Fig. 2.

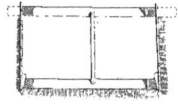

Fig. 3.

a

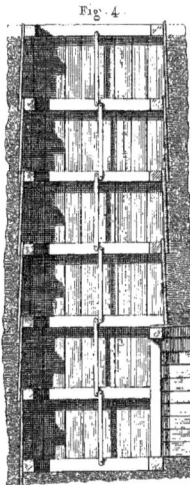

Fig. 4.

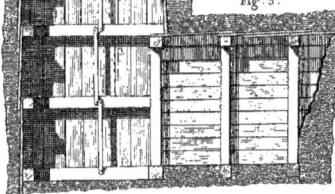

Fig. 7.

Fig. 4 bis.

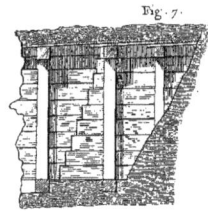

Fig. 5.

Fig. 6.

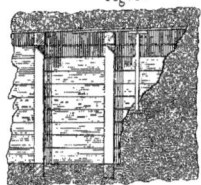

Fig. 8.

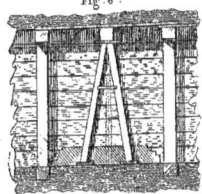

Fig. 9.

Fig. 10.

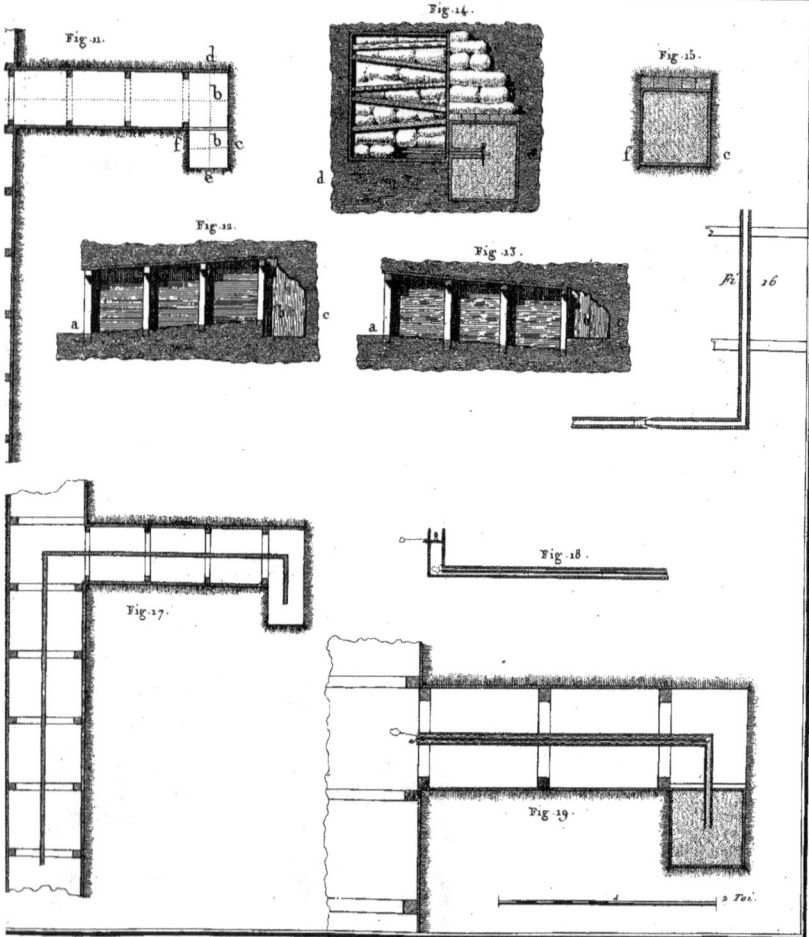

Pl. 41.

Fig. 11.

Fig. 14.

Fig. 15.

Fig. 12.

Fig. 13.

Fig. 16.

Fig. 17.

Fig. 18.

Fig. 19.

2 Toi.

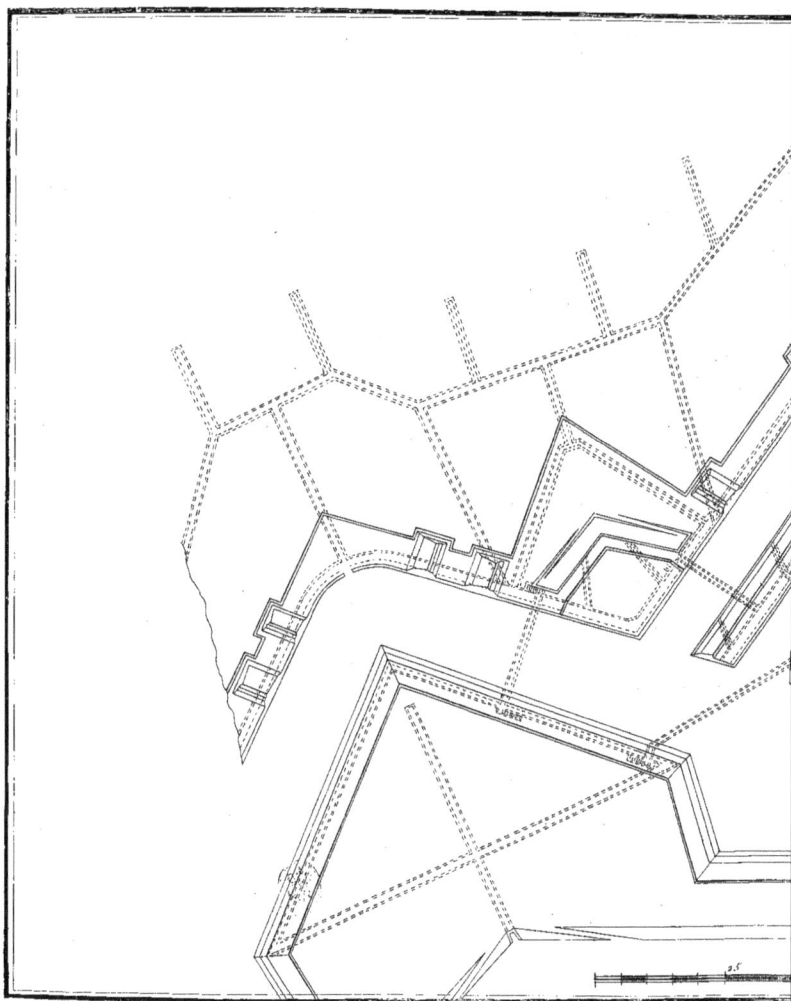

Pl.42.

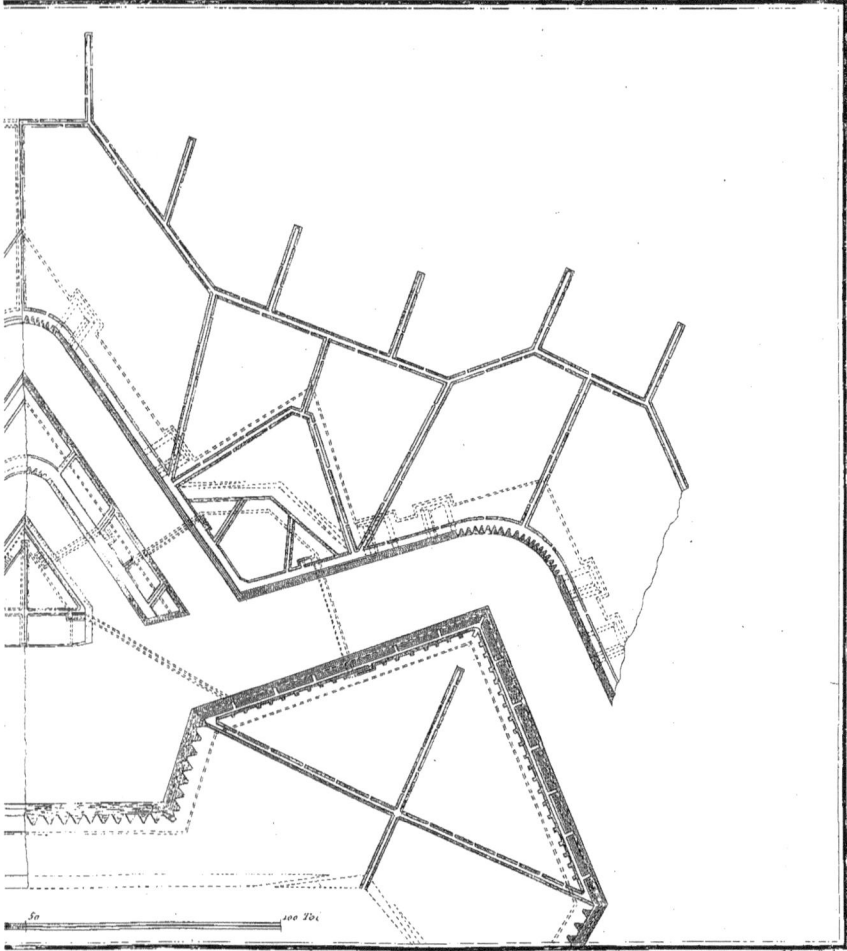

50   100 Toi

Adam Sculp.

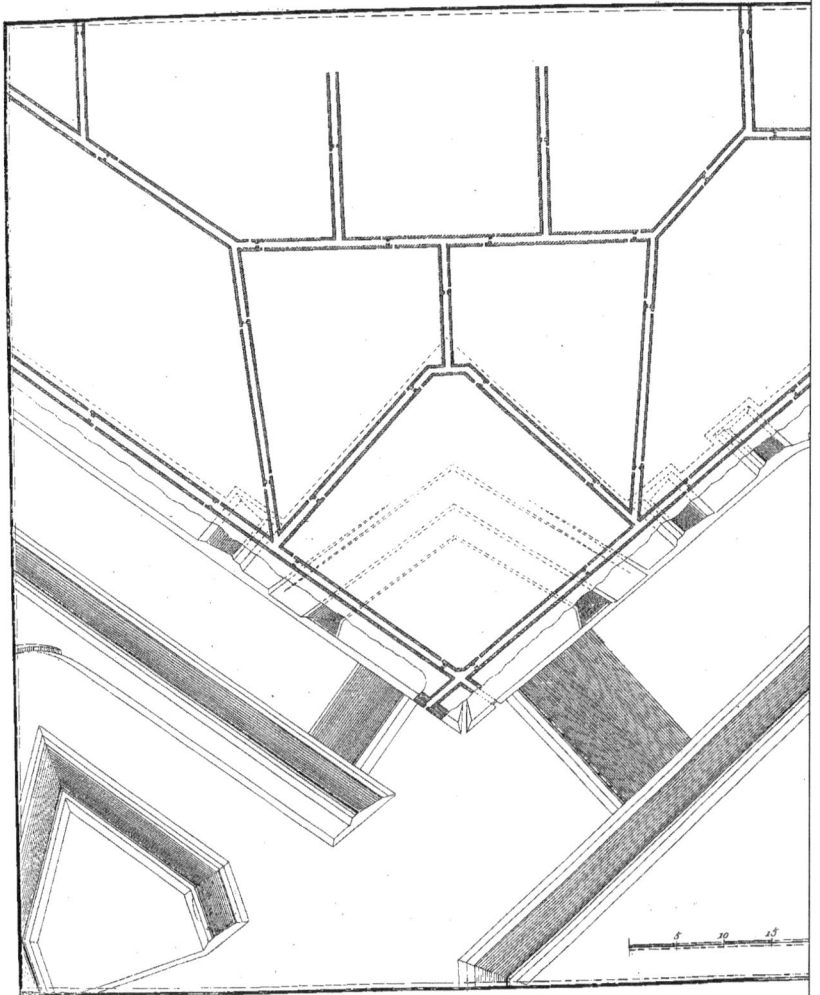

Pl. 45.

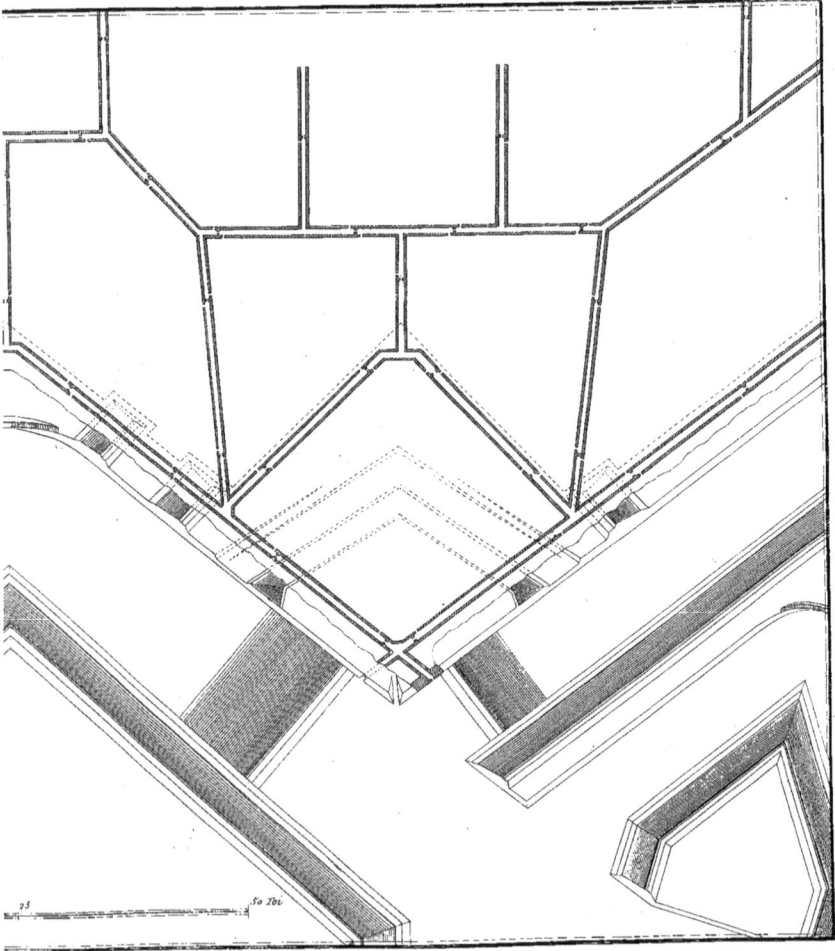

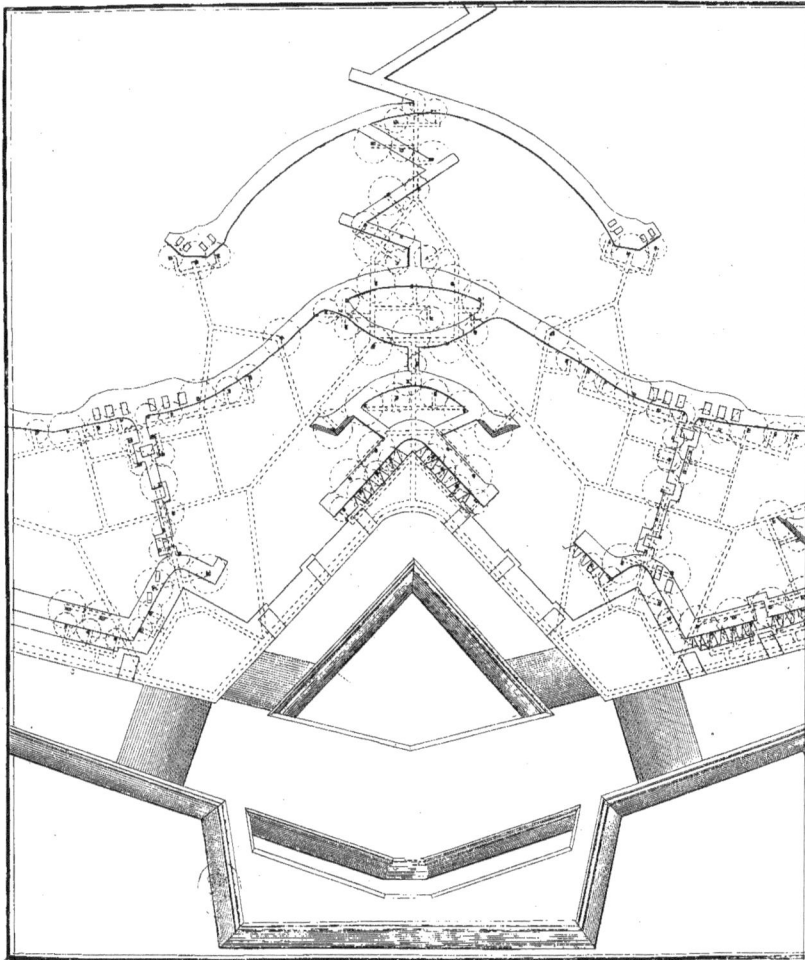

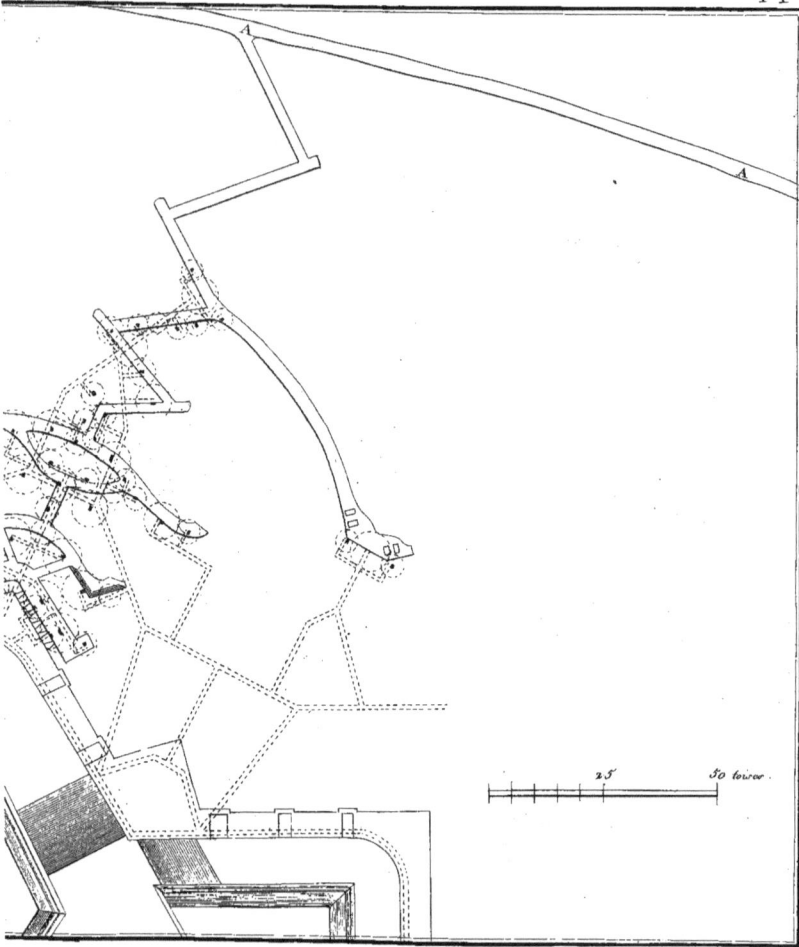

Pl. 44.

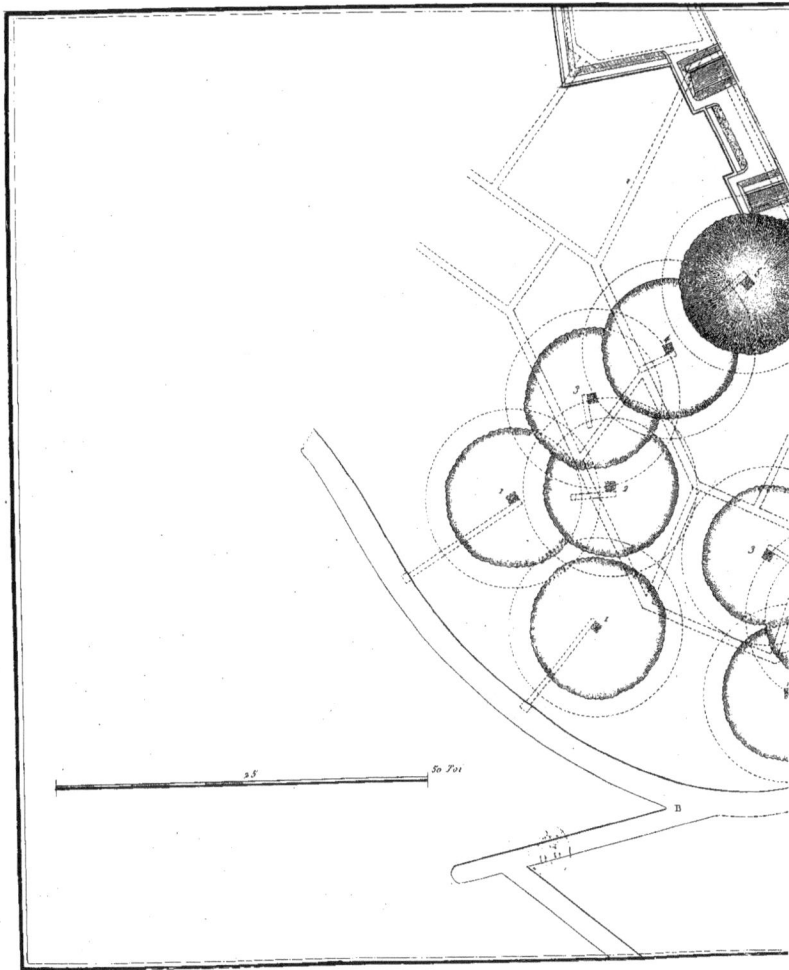

5 5   50 Toi

Pl. 45.

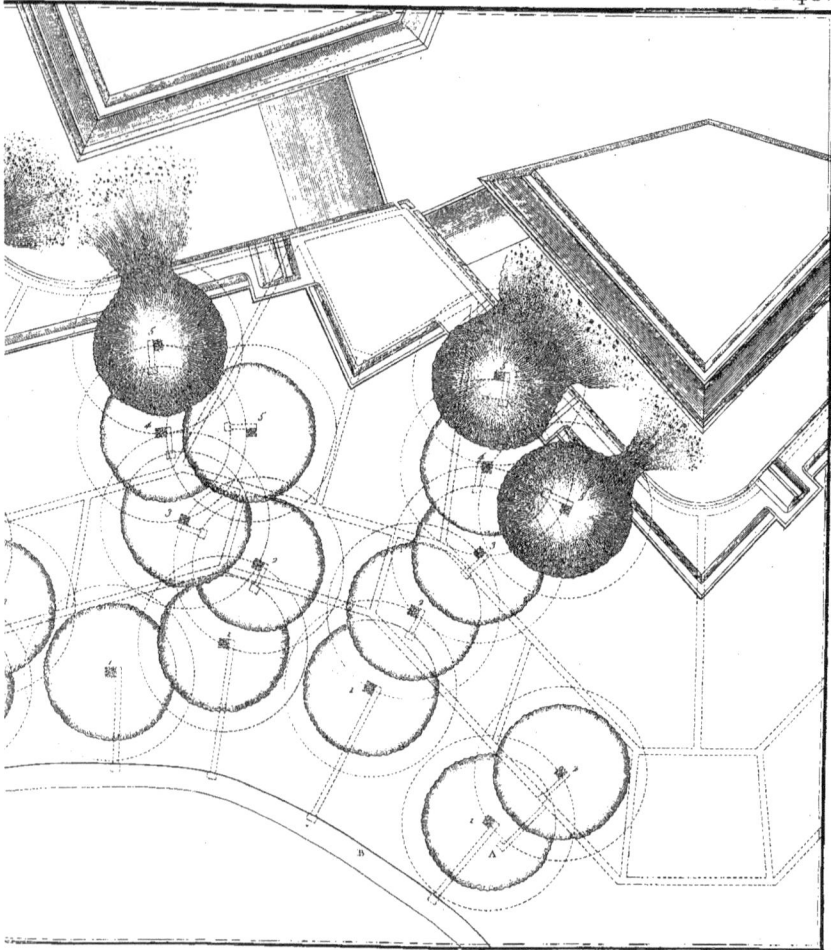

Gravé par Adam.

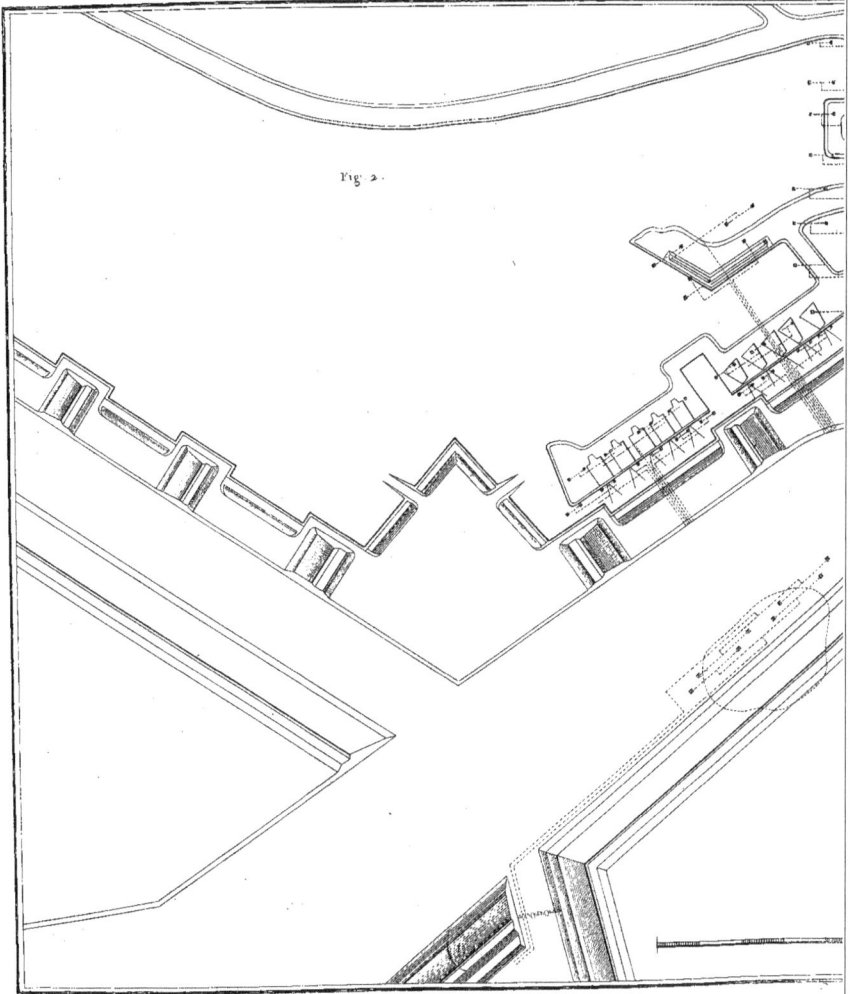

Fig. 2.

Pl. 46.

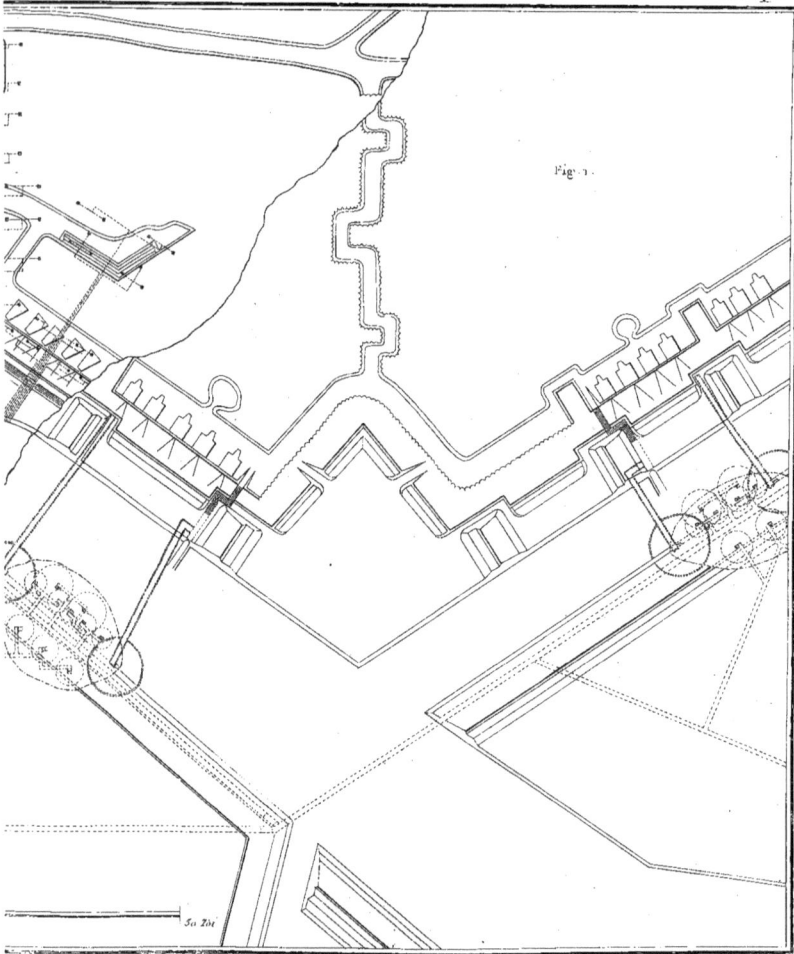

Fig. 1.

5a Toi

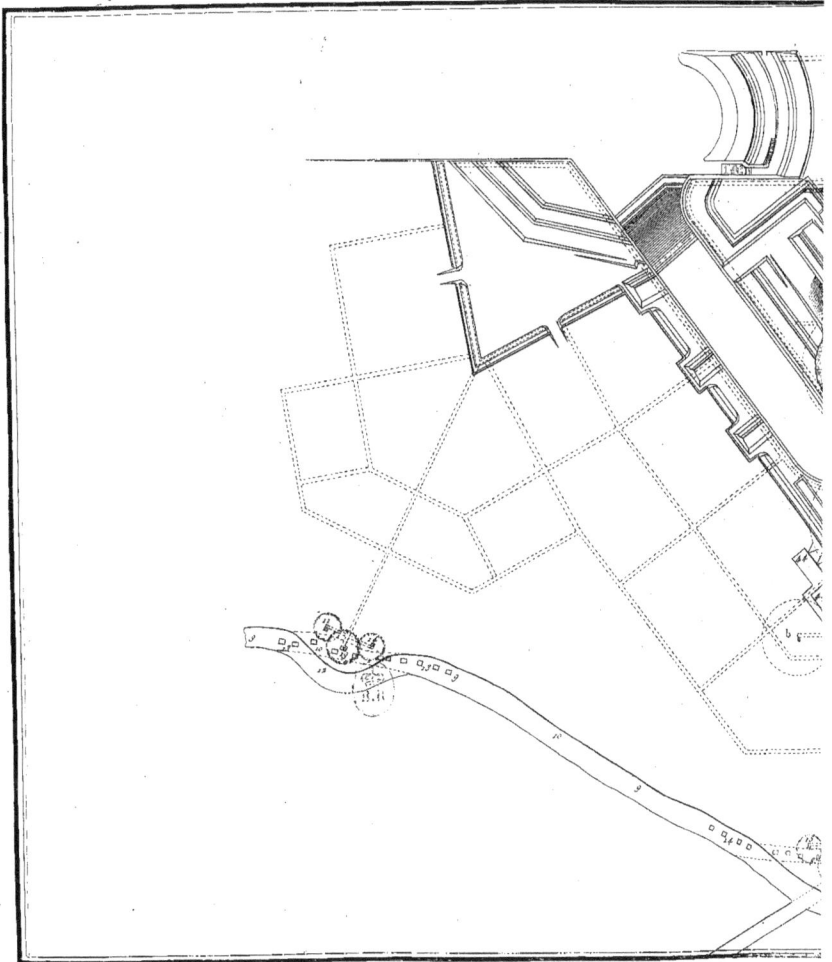

Pl. 47.

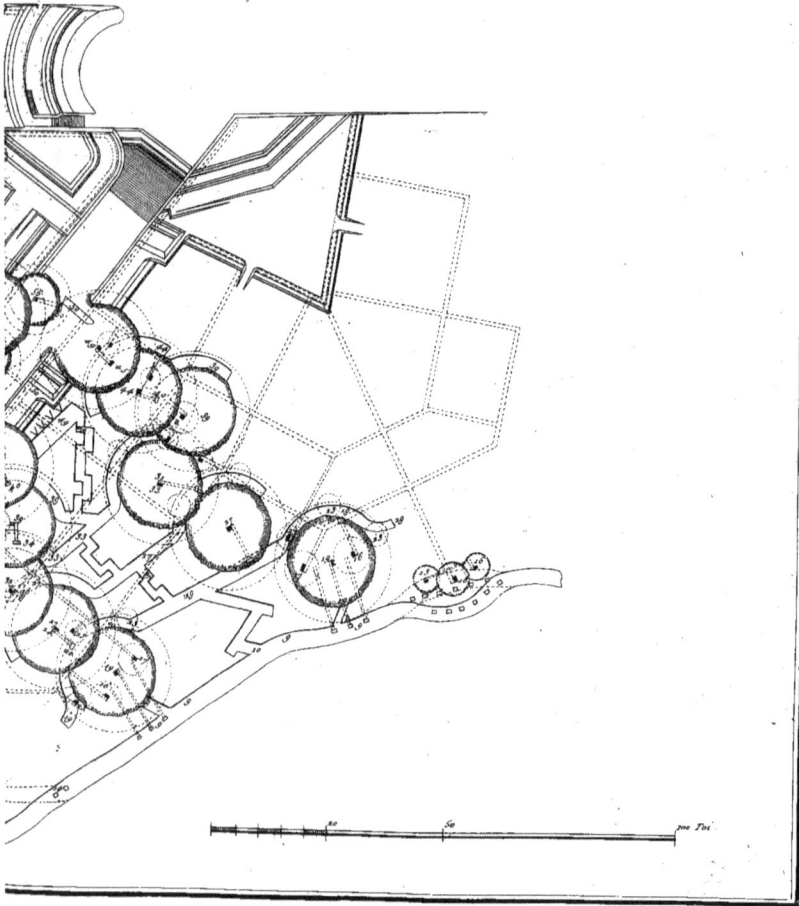

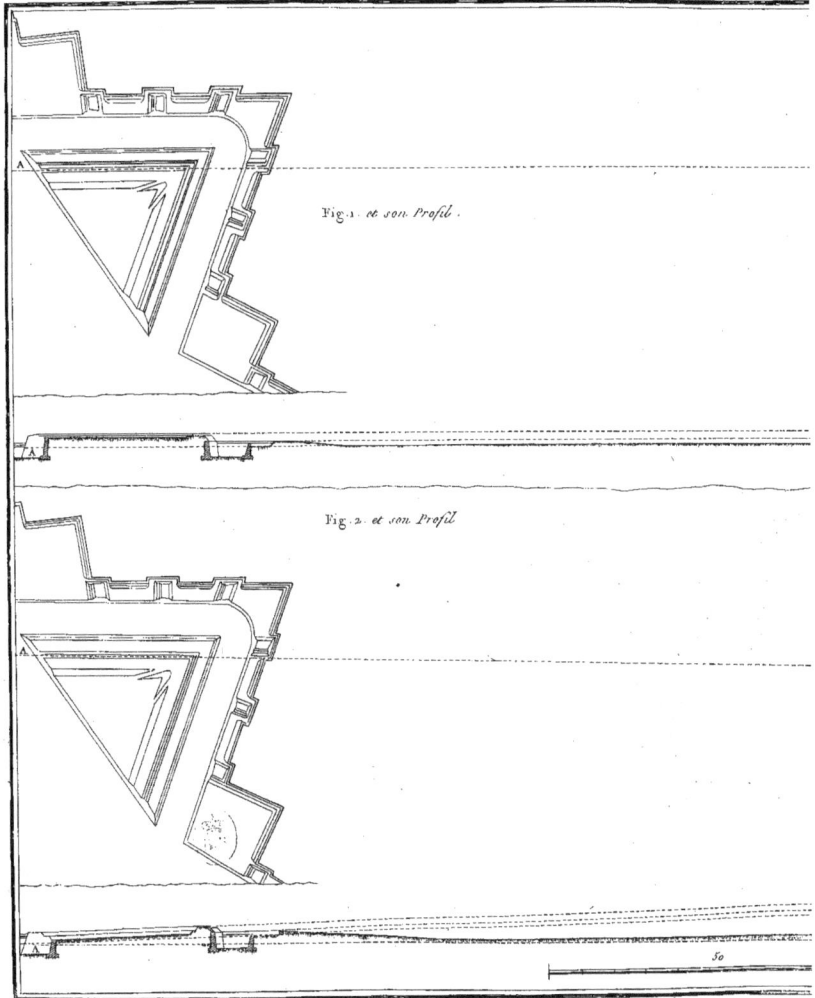

Fig.1. et son Profil.

Fig. 2. et son Profil

50

Pl.48.

B

B

B

B

100   300 Tol.

Gravé par Adam.

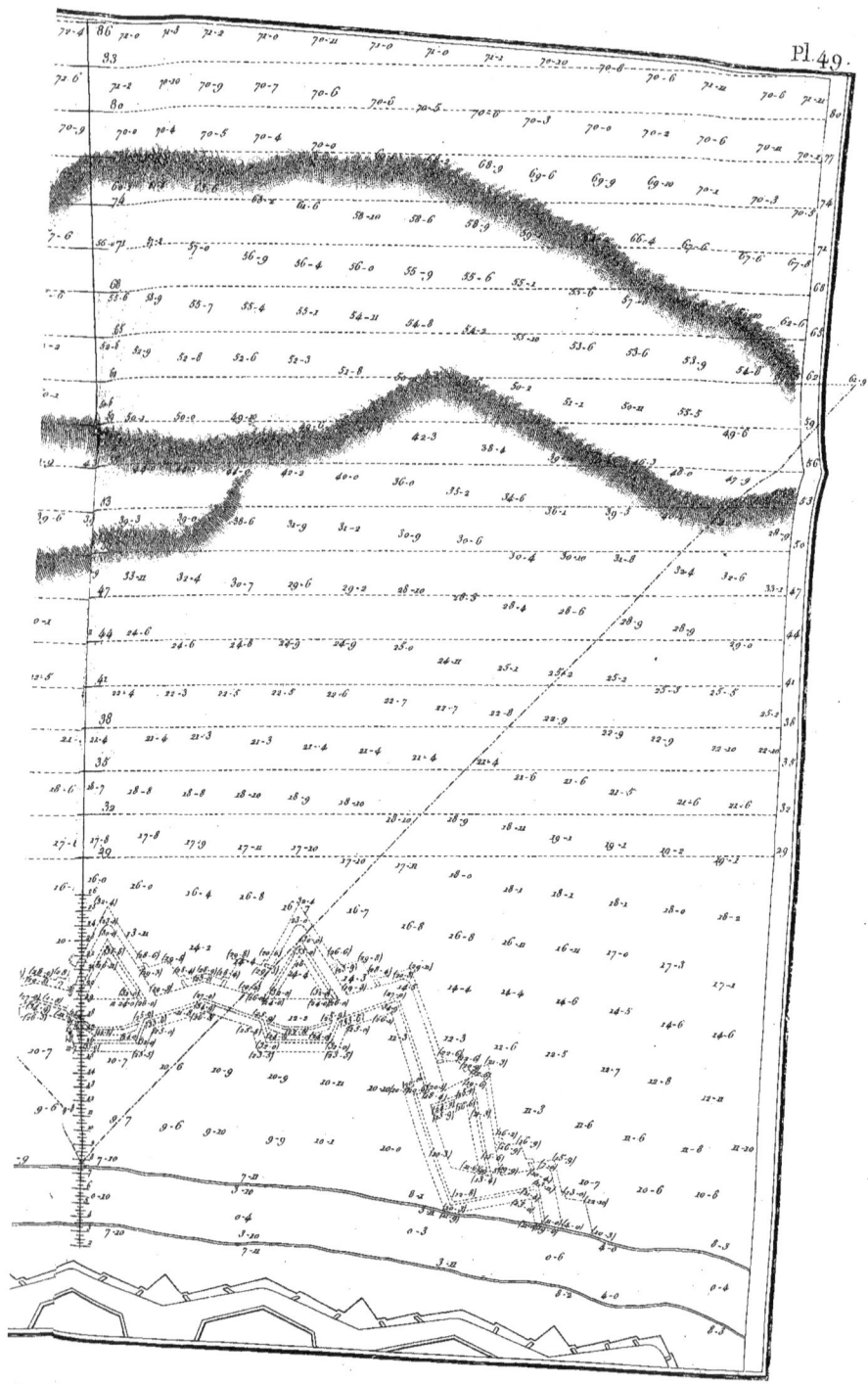

Pl.49.

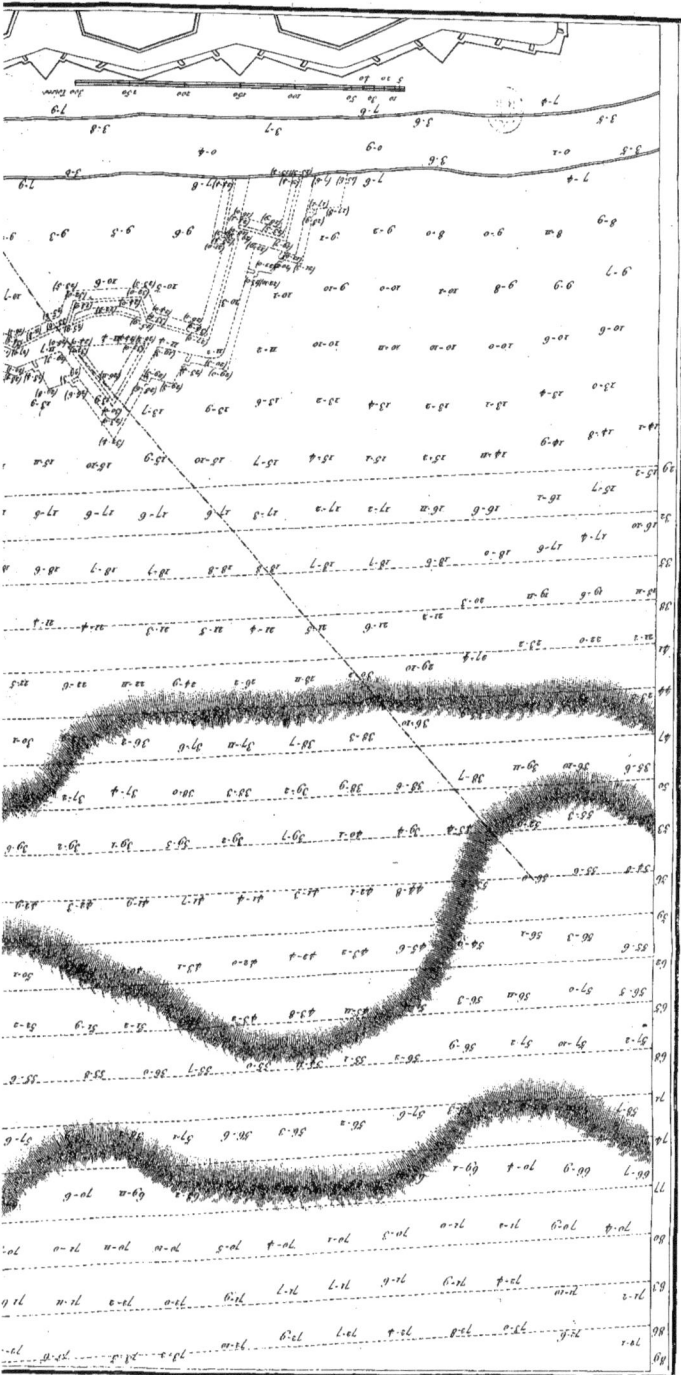

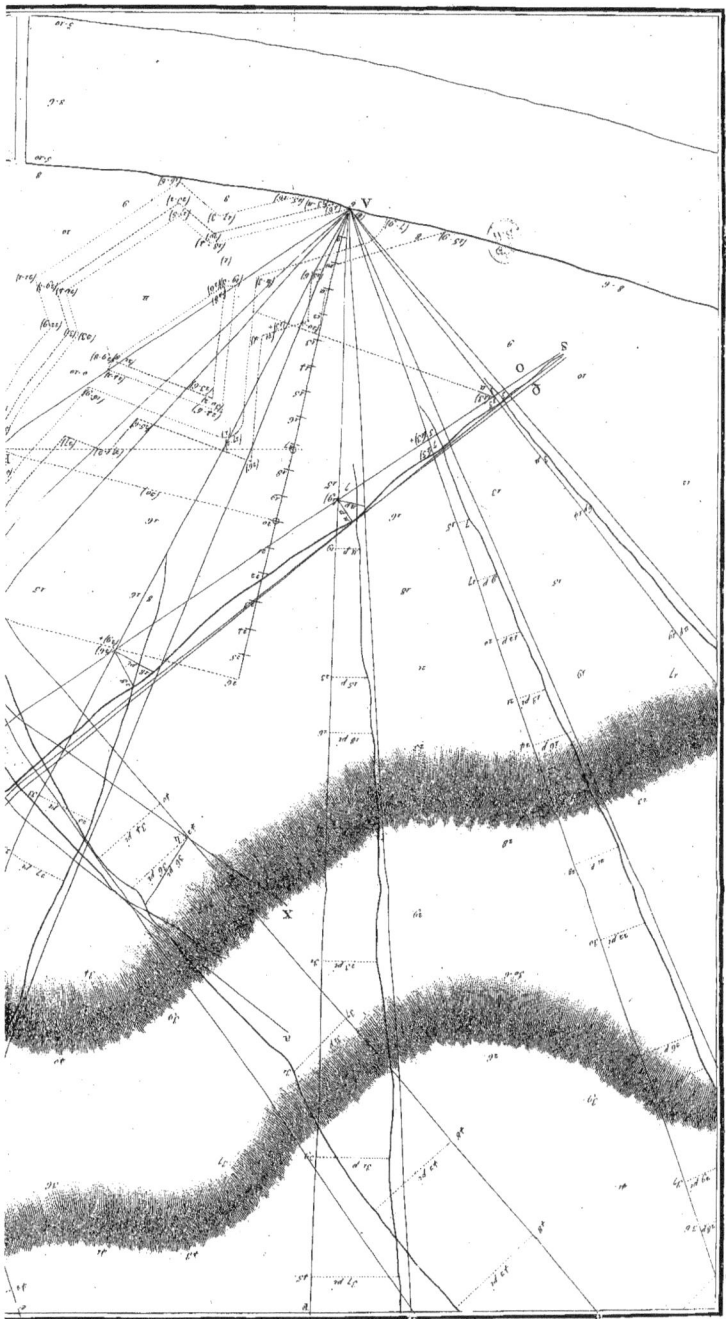

Pl. 50.

180 Toises.

Pl. 51

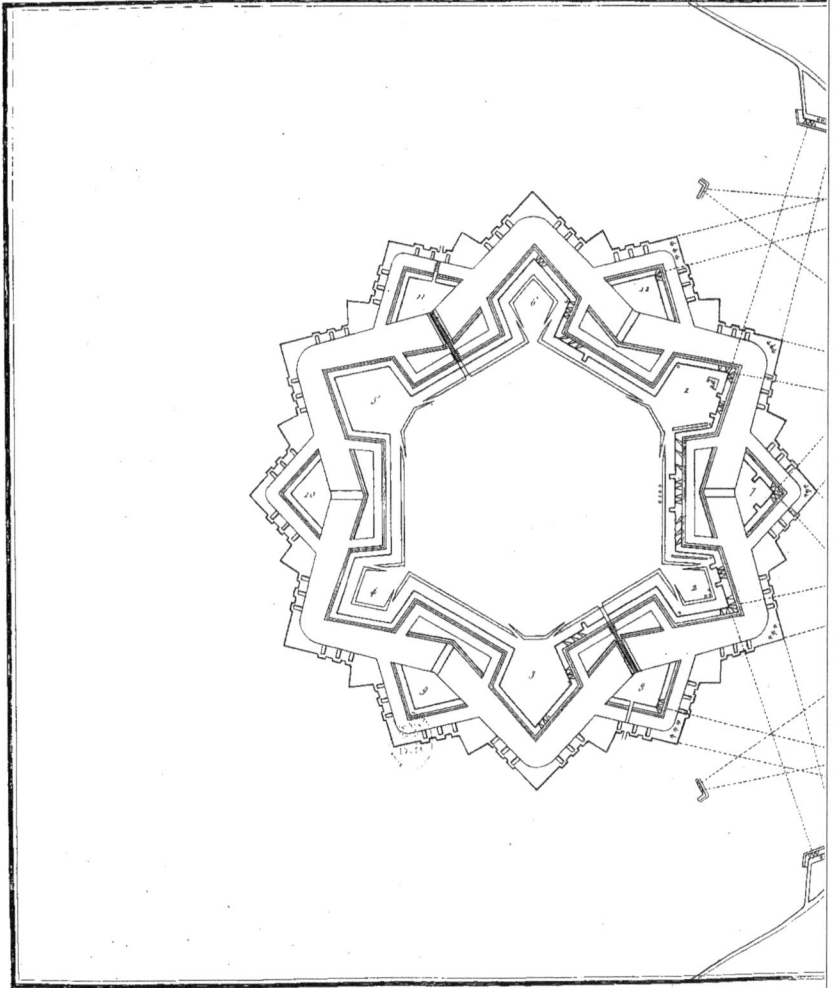

Pl. 52.

50   100   200   300 T.

Gravé par Adam

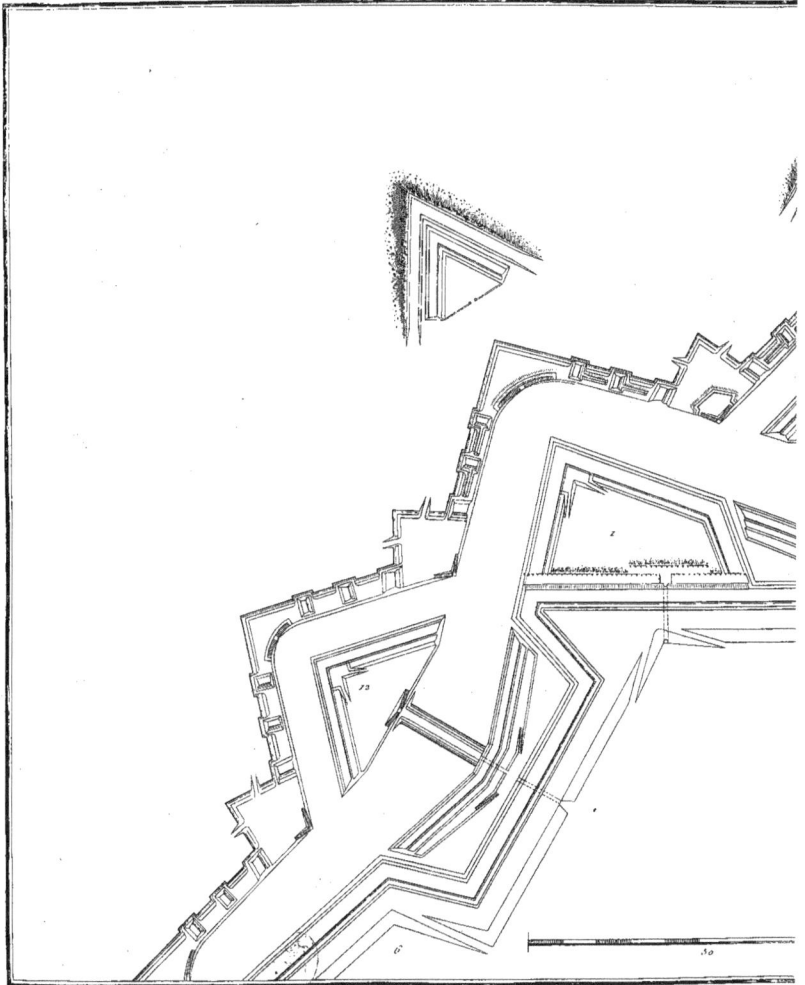

Pl. 53.

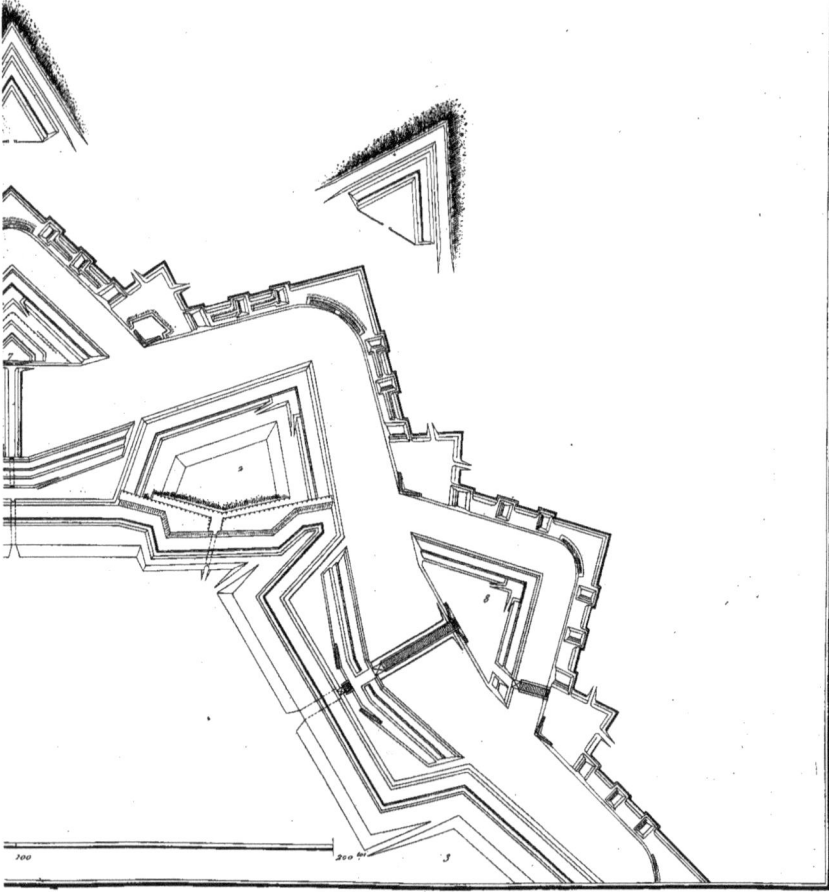

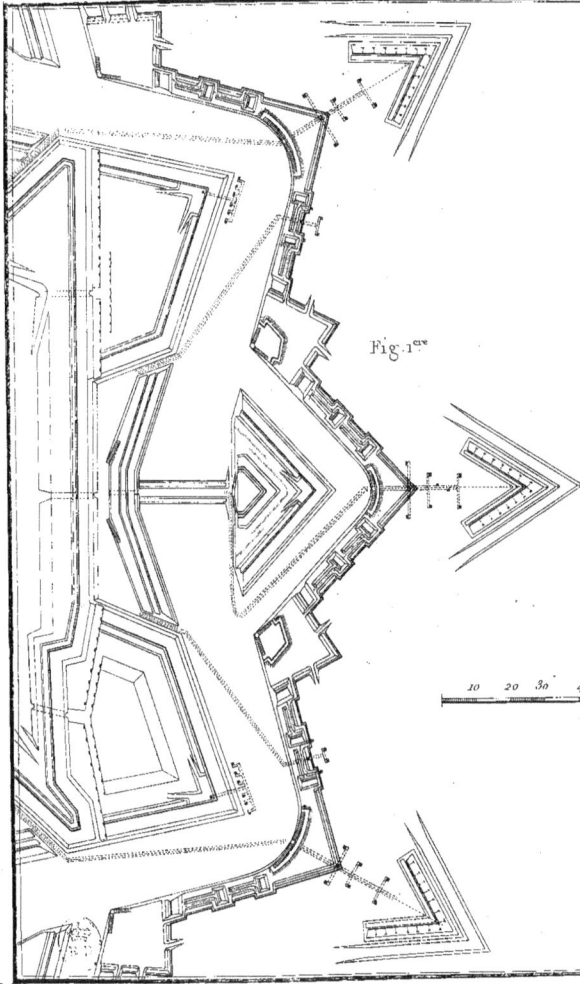

Fig. 1.ʳᵉ

10 20 30 40 50   200

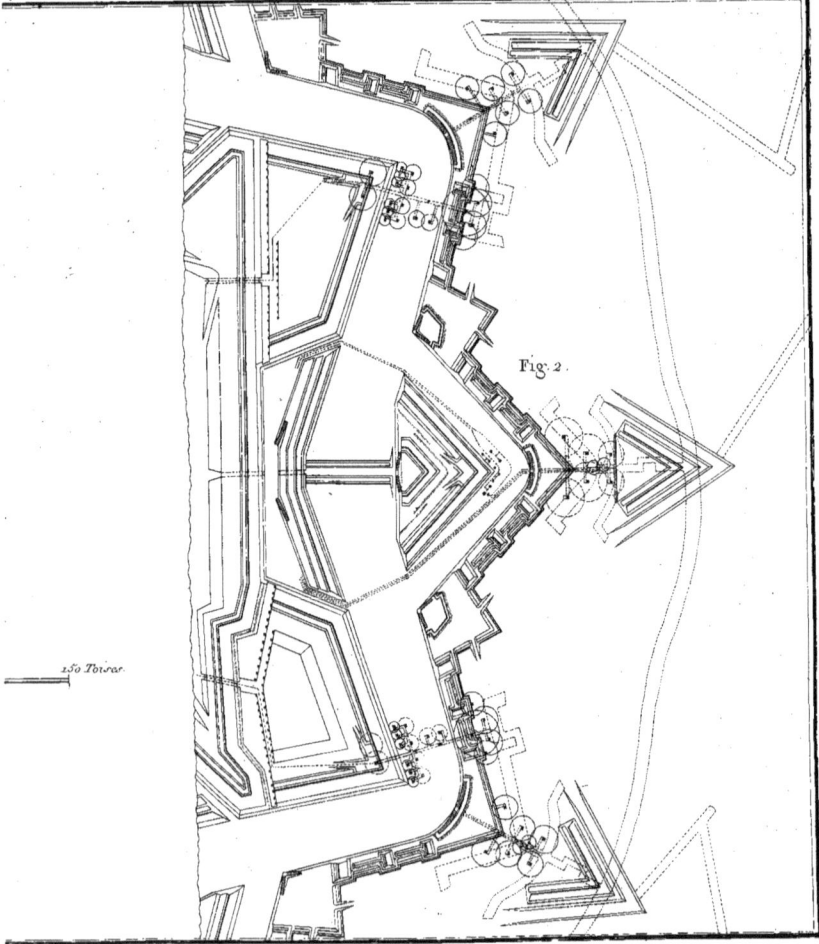

Pl. 54.

Fig. 2

150 Toises.

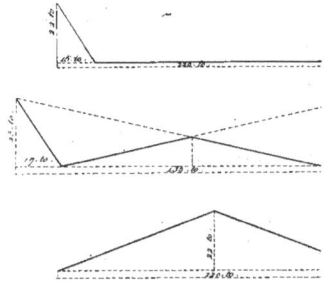

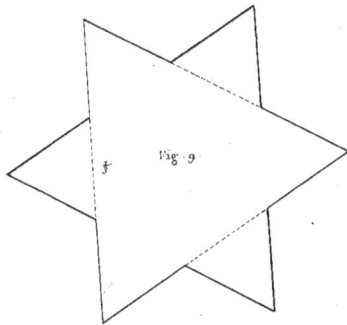

Fig. 9

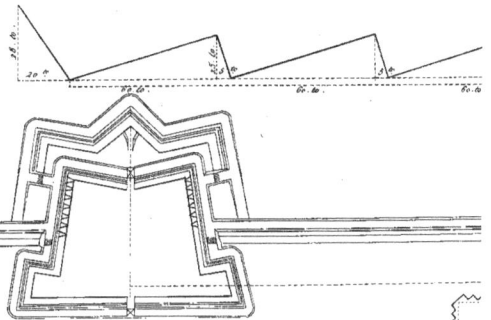

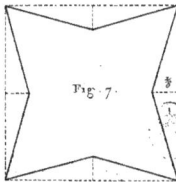

Fig. 7

Pl. 55.

Fig. 1.

Fig. 2.

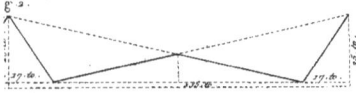

Fig. 3.

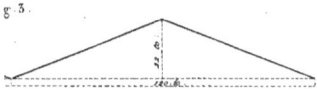

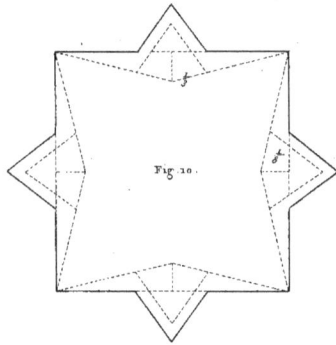

Fig. 10.

Fig. 4.

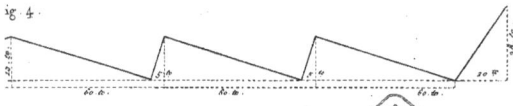

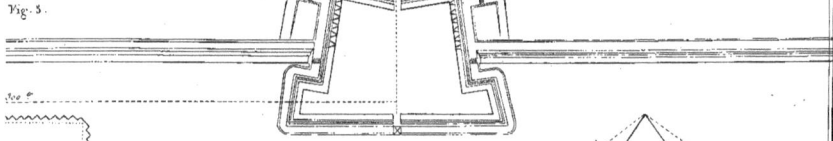

Fig. 5.

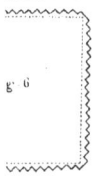

Fig. 6.

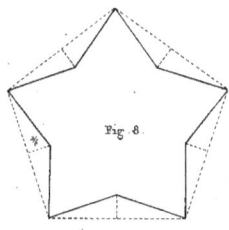

Fig. 8.

100   200 f.

Gravé par Adam

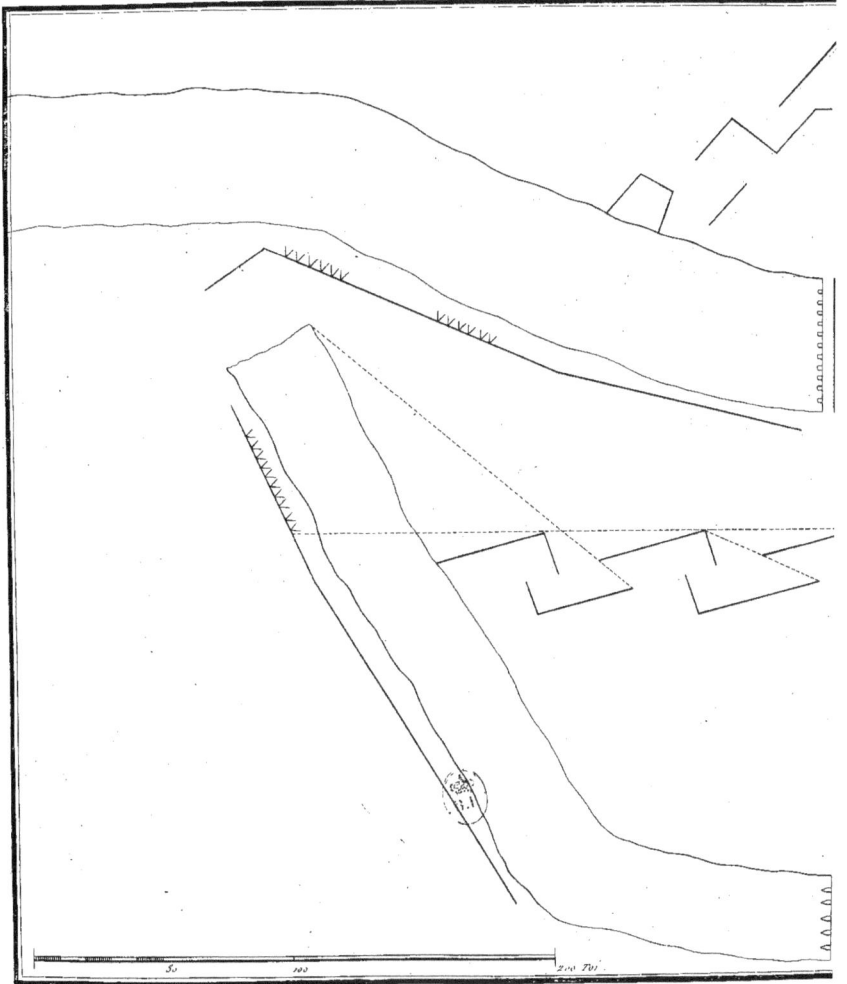

50 100 200 Toi

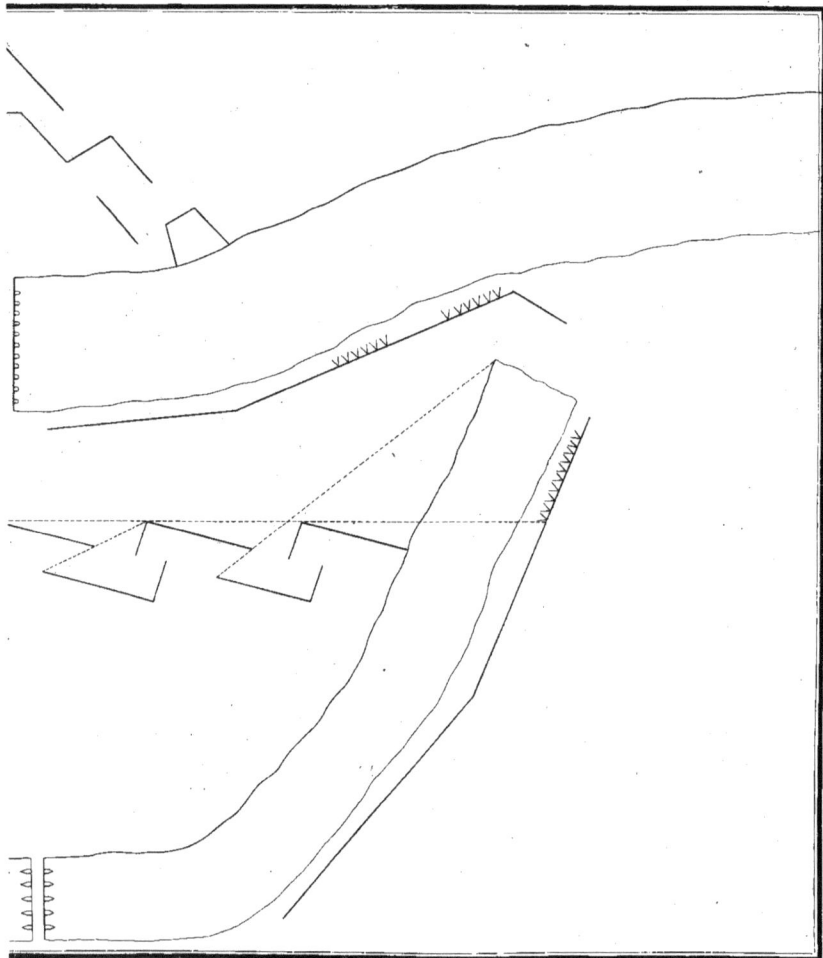

Pl. 56.

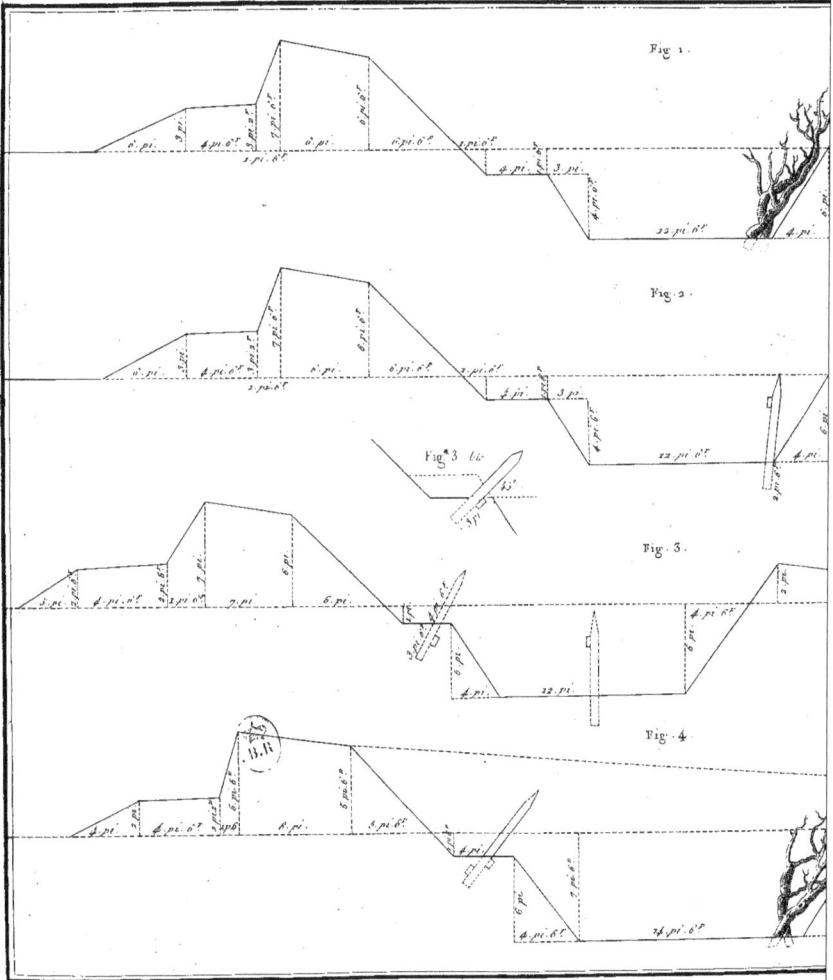

Fig. 1.

Fig. 2.

Fig.³ 3 bis

Fig. 3.

Fig. 4.

Pl. 57.

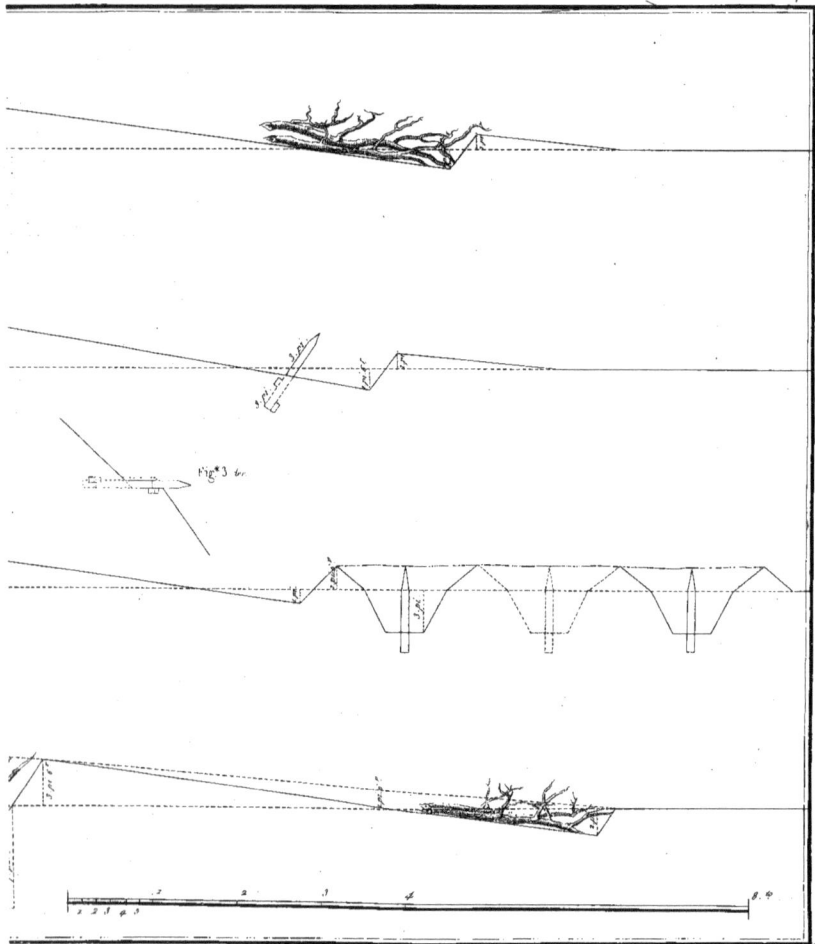

Fig.º 3 bis

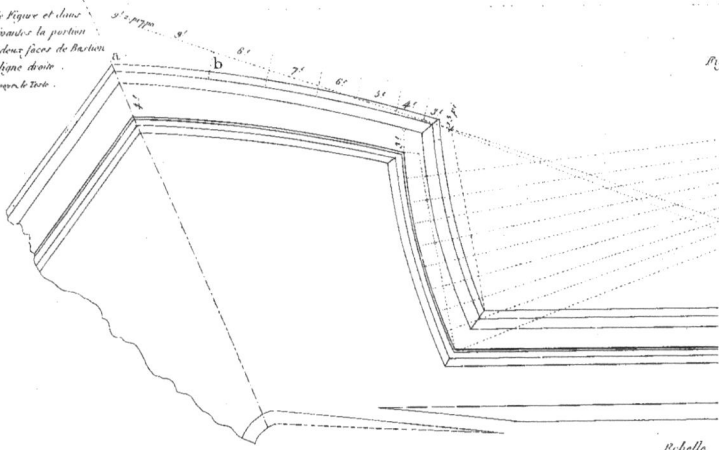

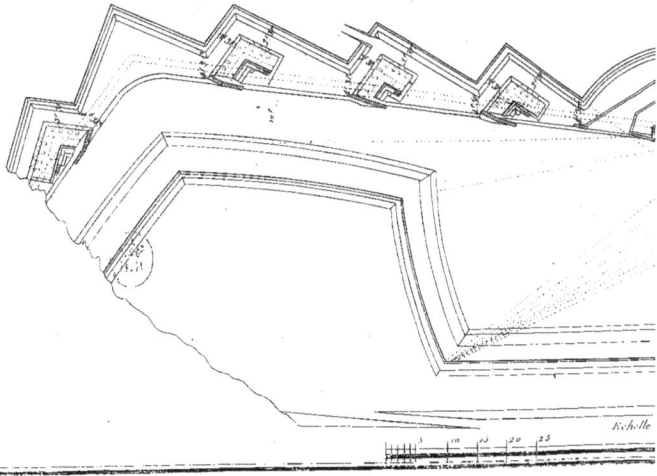

Echelle

Echelle

Pl. 58.

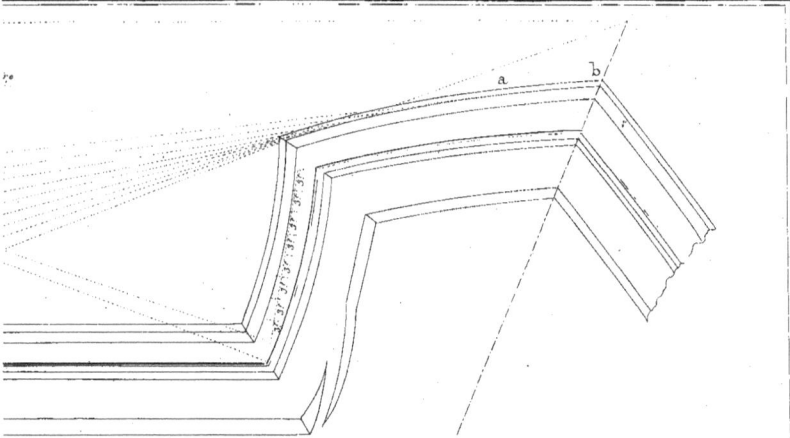

Fig.° 1.°

200 Toises

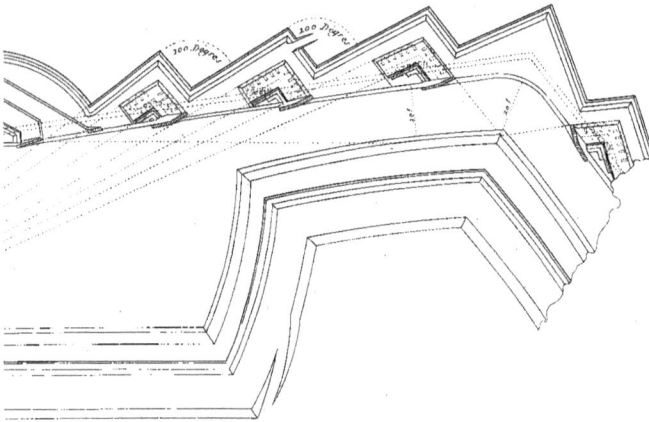

100 Degrés   200 Degrés

Fig.° 2.°

100 Toises

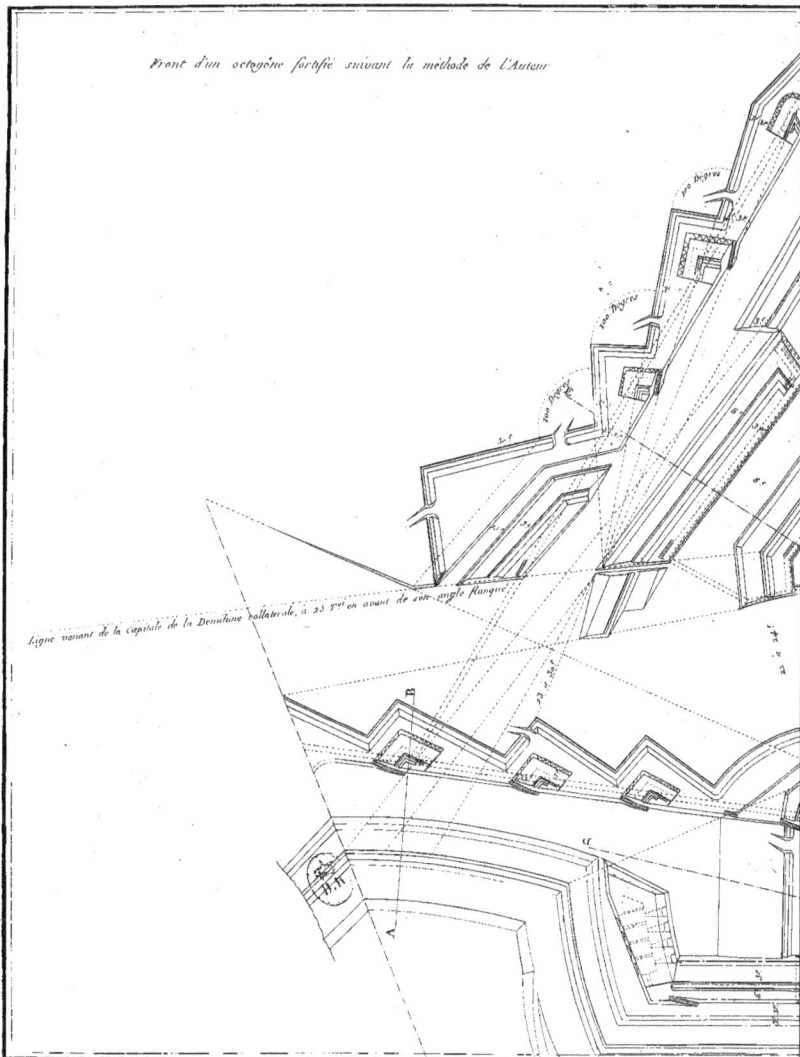

Front d'un octogône fortifié suivant la méthode de l'Auteur

Ligne venant de la Capitale de la Demilune collaterale, à 23 t'en avant de côte angle flanqué

Pl. 59.

Echelle

5   10   15   20   25   50   100 Toises

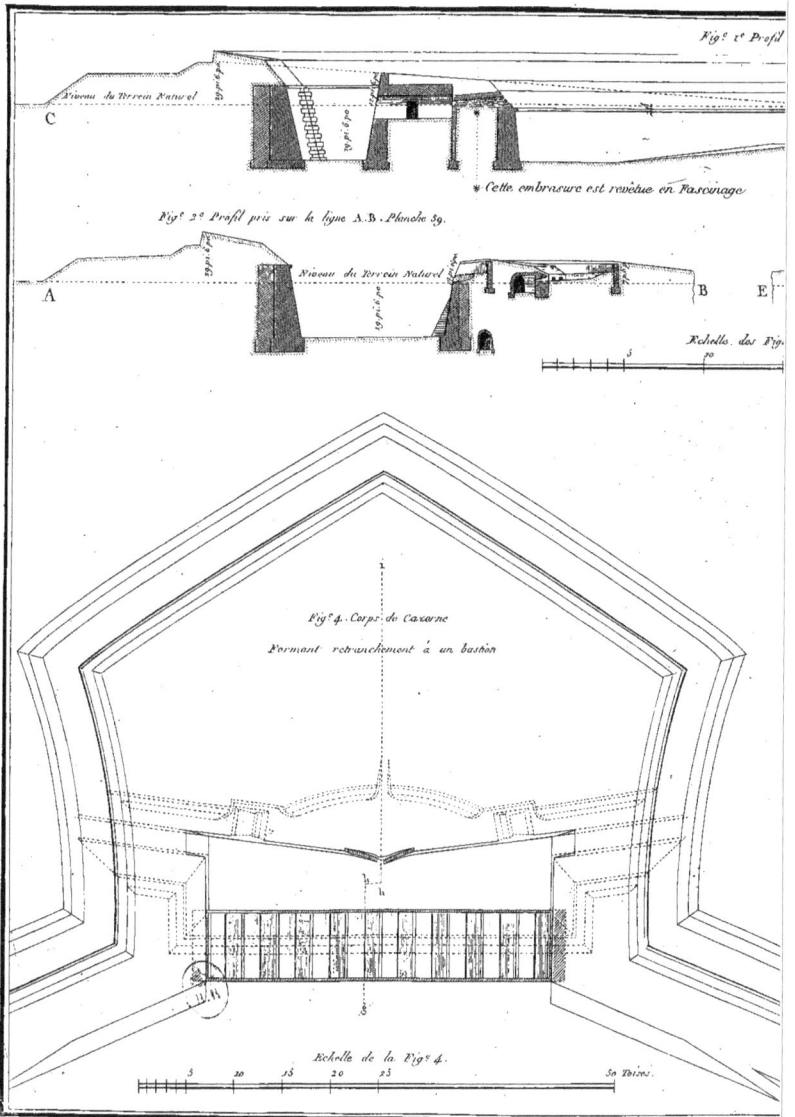

Fig.^e 1.e Profil

Niveau du Terrein Naturel

C

* Cette embrasure est revêtue en Fascinage

Fig.^e 2.e Profil pris sur la ligne A.B. Planche 39.

Niveau du Terrein Naturel

A   B   E

Echelle des Fig.

Fig.^e 4. Corps de Caserne

Formant retranchement à un bastion

Echelle de la Fig.^e 4.

5   10   15   20   25   50 Toises.

Pl. 60.

a ligne C.D. Planche 59.

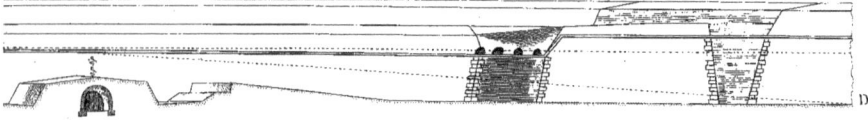

Fig.ᵉ 3.ᵉ Profil pris sur la ligne V.Y. Planche 59.

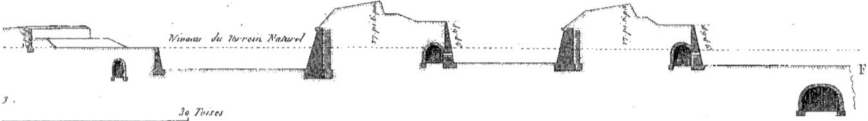

Niveau du Terrein Naturel

3.   30 Toises

Fig.ᵉ 5.ᵉ Elévation vûe du dedans de la Place.

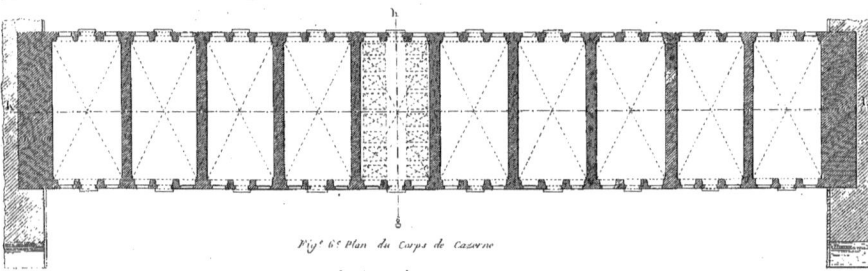

h

Fig.ᵉ 6.ᵉ Plan du Corps de Caserne.

Fig.ᵉ 7. Profil pris sur la ligne K.L. Fig.ᵉ 6.ᵉ

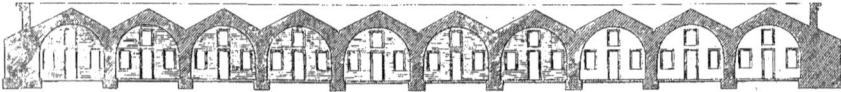

Fig.ᵉ 8.ᵉ Profil pris sur les lignes g.h et h.i. des Fig.ᵉ 4 et 6.

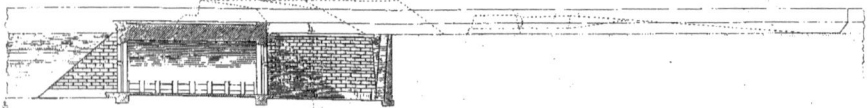

5   10   Echelle des Fig.ᵉ 3. 6. 7 et 8.   30 Toises

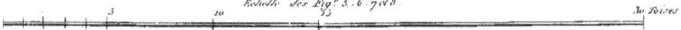

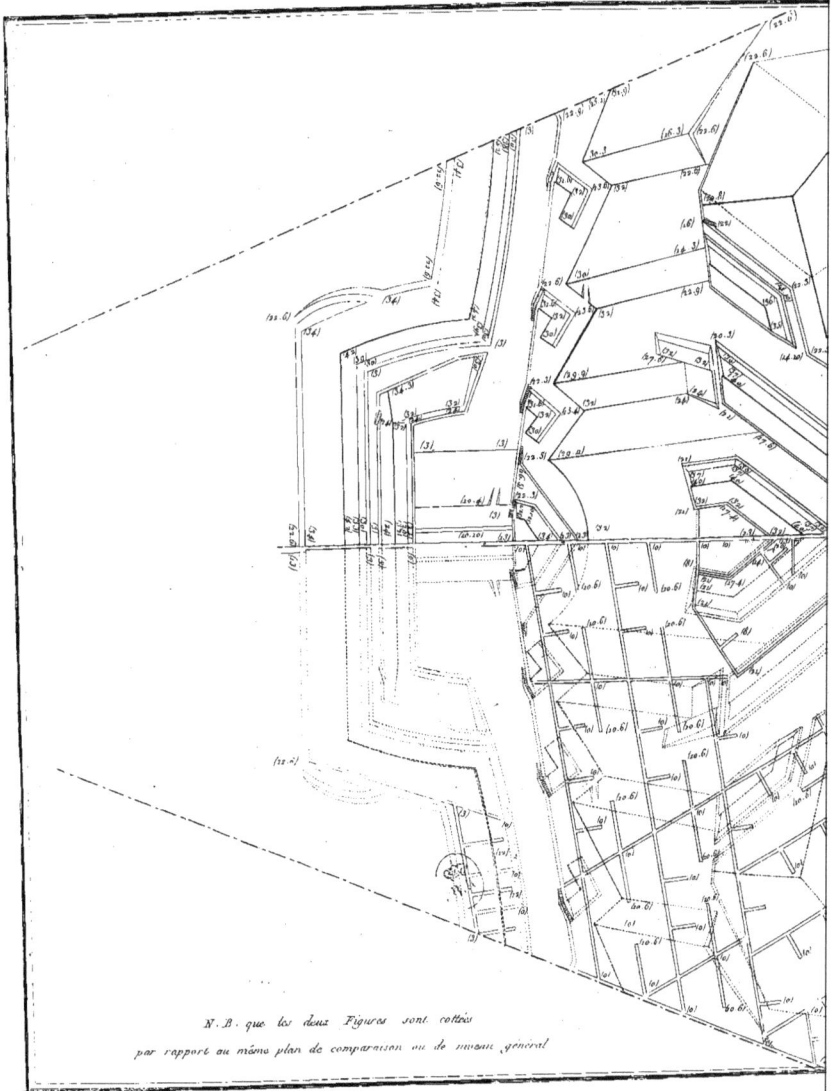

N.B. que les deux Figures sont cottées
par rapport au même plan de comparaison ou de niveau général

Pl. 61.

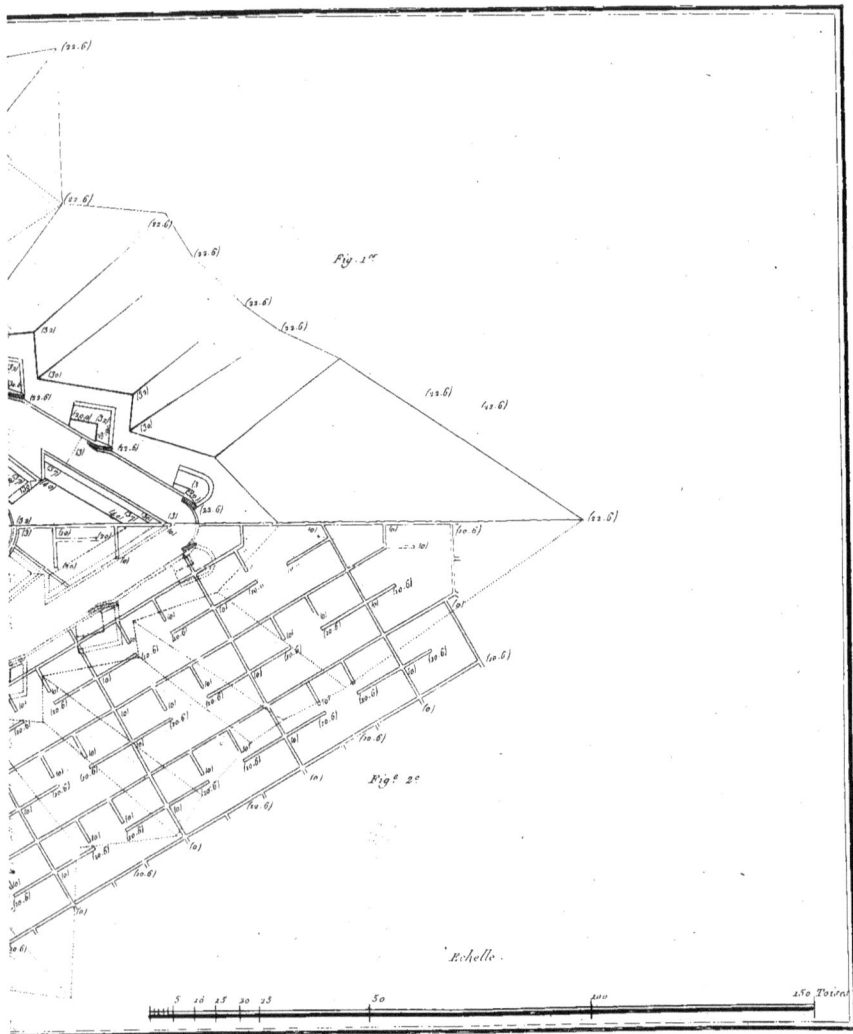

Fig. 1.ᵉʳ

Fig.ᵉ 2.ᵉ

Echelle.

5 10 15 20 25   50   100   150 Toises

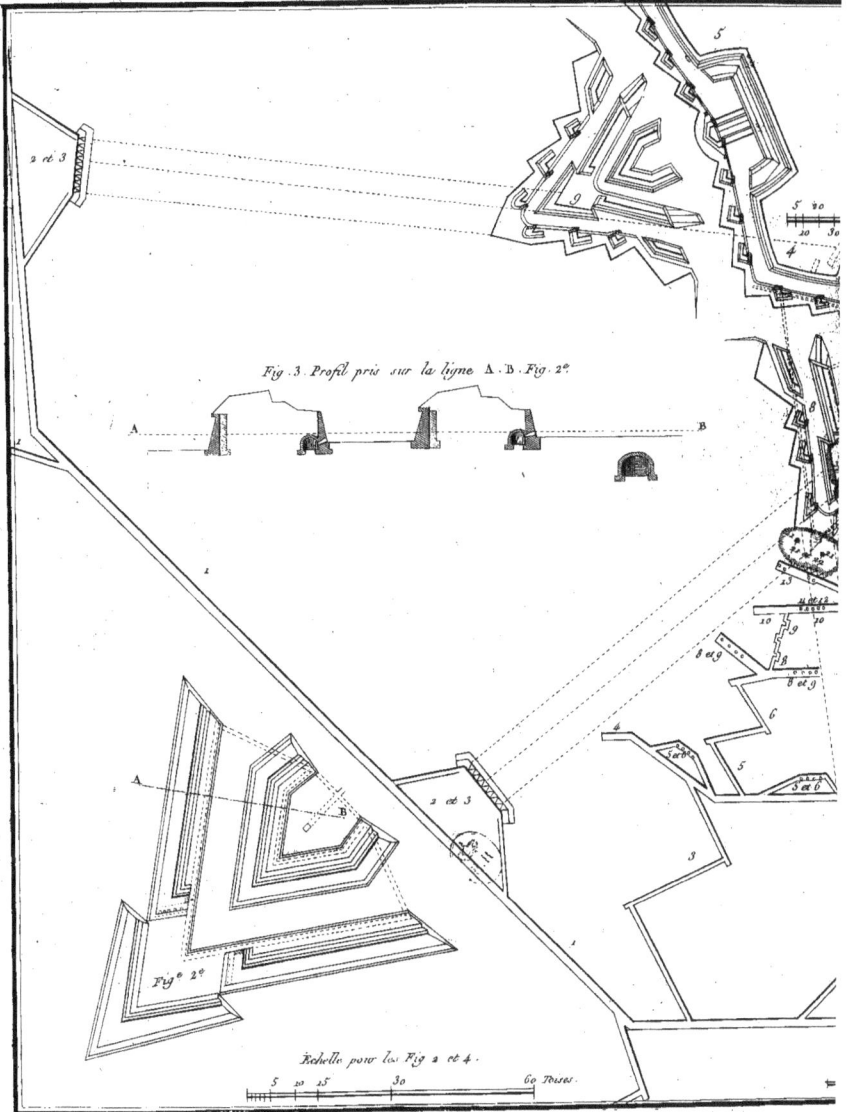

Fig. 3. Profil pris sur la ligne A . B . Fig . 2.e

A   B

2 et 3

Fig.e 2.e

Echelle pour les Fig 2 et 4 .

5   10   15   30   60 Toises

Pl. 62.

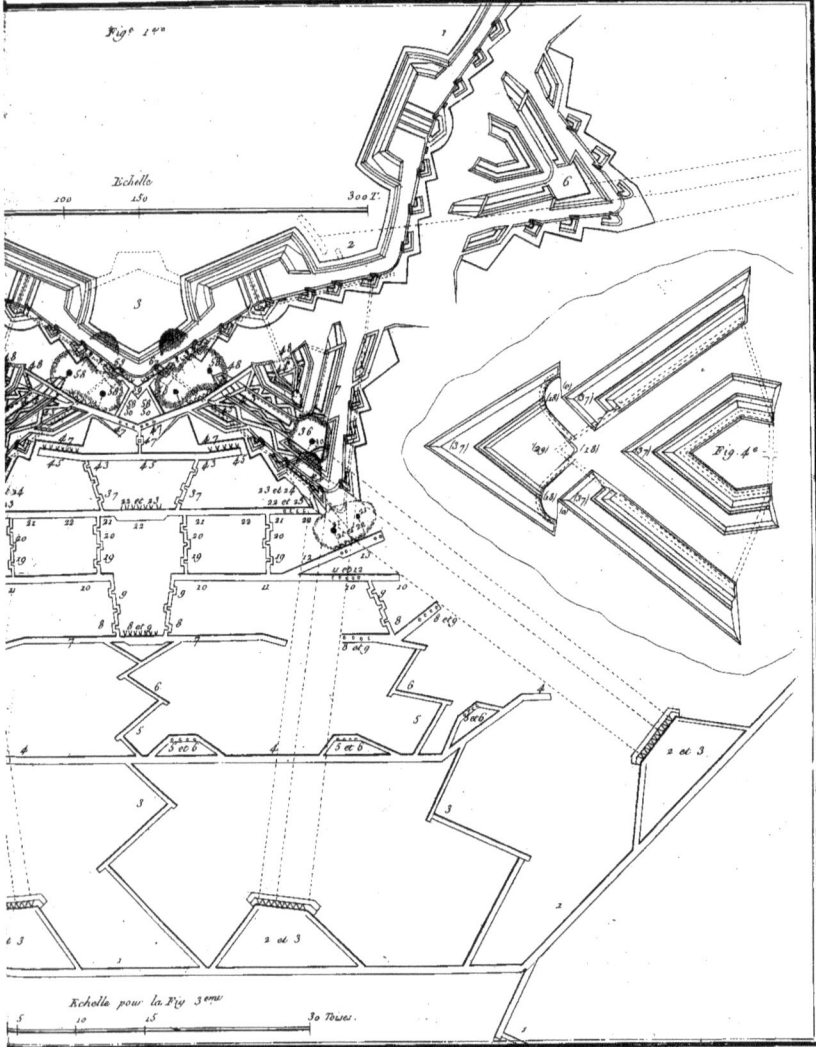

Fig.º 1.ᵉʳ

Echelle

100   150   300 T.

Fig. 4.ᵉ

Echelle pour la Fig. 3.ᵉᵐᵉ

5   10   15   30 Toises.

www.ingramcontent.com/pod-product-compliance
Lightning Source LLC
Chambersburg PA
CBHW070550200326
41519CB00012B/2174